U0387517

"做学教一体化"课程改革系列规划教材

亚龙集团校企合作项目成果系列教材

电子产品 YL-292 模块电路及应用

李关华　林红华　聂辉海　编著

机械工业出版社

本书是中国亚龙科技集团协同全国职业院校技能大赛中职组电工电子竞赛项目评委组、电子产品装配与调试比赛专家组共同编写的"做学教一体化"课程改革成果系列教材之一，是根据全国职业院校技能大赛中职组电子产品装配与调试内容相关知识点、技能点，以大赛指定的 YL-291 模块以及搭建完善的新的电子产品 YL-292 模块为依托，按照工作过程系统化课程的开发理念编写而成的。

本书主要内容包括：搭建 DDS 信号发生器电路，搭建 GPS 信息显示电路，搭建测量声音响度的分贝计电路，搭建数控电源电路，搭建温、湿度无线传输电路，搭建无线鼠标电路，搭建指纹门禁电路，搭建数字调频收音机电路，搭建视频监控电路和搭建模拟电梯控制运行显示电路共 10 个工作任务。通过这些与实际工作过程有着紧密联系、带有经验性质的工作任务，学生可以熟悉技能大赛的完成步骤和操作规程，提高学习兴趣和自信心，不仅为参与比赛提供知识、技能和心理准备，同时也为学生顺利走向就业岗位铺平道路。

本书可作为全国职业院校技能大赛中职电工电子组电子产品装配与调试项目的培训教材，也可作为电子类专业的理实一体化教材，还可供相关专业从业人员参考。

为了便于教学，本书配套有助教课件等教学资源，选择本书作为教材的教师可致电（010-88379195）索取，或登录 www.cmpedu.com 网站进行注册、免费下载。

图书在版编目（CIP）数据

电子产品 YL-292 模块电路及应用/李关华，林红华，聂辉海编著. —北京：机械工业出版社，2016.1（2021.5重印）
"做学教一体化"课程改革系列规划教材
ISBN 978-7-111-52597-4

Ⅰ.①电… Ⅱ.①李… ②林… ③聂… Ⅲ.①电子产品—电路—高等职业教育—教材 Ⅳ.①TN05

中国版本图书馆 CIP 数据核字（2015）第 308170 号

机械工业出版社（北京市百万庄大街 22 号 邮政编码 100037）
策划编辑：高 倩 责任编辑：赵红梅 版式设计：霍永明
责任校对：樊钟英 封面设计：路恩中 责任印制：常天培
北京富资园科技发展有限公司印刷
2021 年 5 月第 1 版第 2 次印刷
184mm×260mm·12 印张·271 千字
3 001—3 500 册
标准书号：ISBN 978-7-111-52597-4
定价：29.00 元

凡购本书，如有缺页、倒页、脱页，由本社发行部调换

电话服务 网络服务
服务咨询热线：010-88379833 机工官网：www.cmpbook.com
读者购书热线：010-88379649 机工官博：weibo.com/cmp1952
 教育服务网：www.cmpedu.com
封面无防伪标均为盗版 金 书 网：www.golden-book.com

前　言

本书是根据全国职业院校技能大赛中职电工电子组电子产品装配与调试项目内容及相关知识点，按照工作过程系统化课程的开发理念编写而成的。

电子产品广泛应用在日常生活、工农业生产、医疗器械、航空航天、军工制造等各个领域。在中等职业学校开设的电气技术、机电技术、自动控制技术、电子与信号技术等专业课程，均与电子产品装配与调试技术密切相关。

职业教育的目的是培养学生的综合职业能力，是面向全体学生的技能型教育，而综合职业能力是在经历完整工作过程中不断积累、逐步形成的。为了更好地培养学生的综合职业能力，学习任务必须密切联系实际生活。因此在编写本书时，对每个学习任务进行了有目的的选择和设计，尽量使学生在完成工作任务的同时不仅获得与实际工作过程有着紧密联系的知识，还获得成功感，激发学习兴趣，增强备赛的信心。本书的每个工作任务均联系实际、由浅入深，在本书的指导下，学生可以通过自己动手训练，掌握电子产品装配与调试的知识和技能。本书介绍了YL-291电子电路模块基础和YL-292电子电路模块，拓宽了学生搭建电子产品的范围，对提高学生的动手能力，掌握电子产品装配与调试的知识和技能有很好的帮助。

本书中介绍的工作任务是生产生活中的电子产品及其电路模块，可使学生真正做到"做中学、学中做"。全书以培养中等职业学校电子及相关专业学生的综合职业能力为目的，围绕电子产品装配与调试技能竞赛内容，依据行动导向教学中的任务驱动教学法组织编写内容，构建编写模式。本书内容设计了搭建DDS信号发生器电路，搭建GPS信息显示电路，搭建测量声音响度的分贝计电路，搭建数控电源电路，搭建温、湿度无线传输电路，搭建无线鼠标电路，搭建指纹门禁电路，搭建数字调频收音机电路，搭建视频监控电路和搭建模拟电梯控制运行显示电路，并介绍其相关知识。

本书由上海信息技术学校高级讲师李关华负责本书各电路的搭建及测量图像的拍摄、广东省科技职业技术学校高级讲师林红华负责全书的初稿和知识链接的编写，聂辉海老师负责全书各电路的核查、其他内容的编写，并对全书进行统稿。

本书中电子产品单元电路模块的技术资料由大赛设备提供企业中国亚龙科技集团提供，在此谨对为本书出版提供帮助的单位和个人表示衷心感谢。

由于编著者水平有限，书中错误与不足之处在所难免，恳请读者批评指正！

编著者

目　录

工作任务一　搭建 DDS 信号发生器电路

一、任务名称

DDS 信号发生器采用直接数字频率合成（Direct Digital Synthesis，DDS）技术，把信号发生器的频率稳定度、准确度提高到与基准频率相同的水平，并且可以在很宽的频率范围内进行精细的频率调节。该电路能够提供 0 ~ 2kHz 的正弦波、三角波和矩形波三种信号，电路采用字符液晶显示模块作为显示波形和频率信号，采用 3 位独立按键操作，以菜单形式进行显示，操作方便简单。

二、任务描述

1. 搭建 DDS 信号发生器电路原理图

DDS 信号发生器电路原理图如图 1-1 所示。

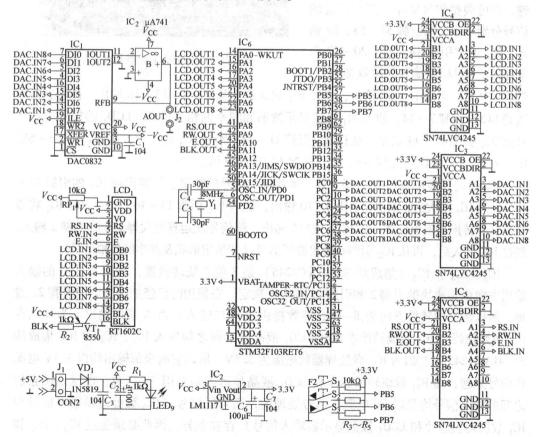

图 1-1　DDS 信号发生器电路原理图

2. 搭建 DDS 信号发生器电路模块

根据图 1-1 所示 DDS 信号发生器电路原理图可知，该电路由以下模块组成：
EDM003-STM32 主机模块、EDM208-并行数模转换模块、EDM608-1602 字符液晶模块、EDM403-8 位独立按键模块和 EDM222-3V/5V 电平转换模块。

3. DDS 信号发生器电路工作原理

（1）DDS 信号发生器电路功能

该电路能产生 0 ~ 2kHz 的波形（正弦波、方波、三角波）信号，利用字符液晶屏 1602 显示波形和输出频率，通过 3 位独立按键设置输出波形和输出频率。

（2）DDS 信号发生器电路工作过程

电路按照图 1-1 所示的 DDS 信号发生器电路原理图连接好，正确接入电源，开机后，LCD_1 液晶显示器显示界面如图 1-2 所示。

由于电路中 IC_6 微处理器已经写入波形（正弦波、方波、三角波）等相关数据程序，按 F_2 键可获取调整波形（正弦波、方波、三角波）信号数据的界面，按下 "◀" 与 "▶" 键，即可调整信号频率，三个按键的信号分别从 IC_6 的引脚 57、58、59 输入。IC_6 通过引脚 14 ~ 17、20 ~ 23 向液晶显示器 LCD_1 输出显示数据信号，

图 1-2　LCD_1 液晶显示器开机后界面

信号再从 IC_4 引脚 14 ~ 21 输入，经过 IC_4 放大后，从 IC_4 引脚 3 ~ 10 输出，最后直接输送到 LCD_1 引脚 7 ~ 14，使 LCD_1 能够显示波形和频率的相关信号。LCD_1 的控制显示信号由 IC_6 引脚 41 ~ 44 输出，送往 IC_5 引脚 21 ~ 18，经过 IC_5 放大后，从 IC_5 引脚 3 ~ 6 输出，直接输入 LCD_1 引脚 4 ~ 6、15，控制 LCD_1 的显示。

IC_6 通过引脚 8 ~ 11、24、25、37、38 将波形信号的数字信号输出到 IC_3 的引脚 21 ~ 14，经过 IC_3 放大后，从 IC_3 引脚 3 ~ 10 输出，送入 IC_1 引脚 13 ~ 16、4 ~ 7，经 IC_1 将该数字信号转换为模拟信号，从 IC_1 引脚 11 输出。该信号从运算放大器 IC_2 的引脚 2 输入，经过 IC_2 放大后，再从 IC_2 引脚 6 输出波形信号（即指定形状及频率的模拟信号）。

IC_3、IC_4 和 IC_5（集成块 SN74LVC4245）是 8 位总线转换器，数据 A 或 B 的输入输出方向由集成块的引脚 2 和引脚 22 的电平决定。在使用时已经把引脚 2 和引脚 22 置地，所以数据的转换方向为 B→A，即数据由 B 端口输入、由 A 端口输出。为什么在 IC_6 微处理器与 IC_1 数模转换芯片和 LCD_1 液晶显示器之间加入 IC_3、IC_4 和 IC_5 集成块 SN74LVC4245 呢？因为 IC_6 微处理器的电源为 3.3V，所以它的全部输出均以 3.3V 电源作信号处理，而 IC_1 数模转换芯片和 LCD_1 液晶显示器是采用 5V 电源，也就是说它们之间的输入信号均是以 5V 电源作信号处理的，两者的信号（IC_6 微处理器输出信号与 IC_1 数模转换芯片和 LCD_1 液晶显示器输入信号）存在差异，因此必须通过 IC_3、IC_4 和 IC_5 集成块 SN74LVC4245 作信号转换处理。

三、任务完成

1. DDS 信号发生器电路连接

（1）DDS 信号发生器电路模块连接实物图

DDS 信号发生器电路连接实物图如图 1-3 所示。

（2）连接说明

DDS 信号发生器电路模块电源插口都连接 5V 电源、GND。

EDM222-3V/5V 电平转换模块只需外接 V_{CC}，便有 +3.3V 输出。EDM608-1602 字符液晶模块的 +5V 接 5V 电源、GND。EDM222-3V/5V 电平转换模块的 DIR（1、2、3）接地。

EDM003-STM32 主机模块 IC_6 的 PC0 ~ PC7 插口接 EDM222-3V/5V 电平转换模块 B21 ~ B28 插口。

EDM003-STM32 主机模块 PA0 ~ PA7 插口接 EDM222-3V/5V 电平转换模块 B11 ~ B18 插口。

EDM003-STM32 主机模块 PA8 ~ PA11 插口接 EDM222-3V/5V 电平转换模块 B35 ~ B38 插口。

图 1-3　DDS 信号发生器电路连接实物图

EDM222-3V/5V 电平转换模块 A21 ~ A28 插口接 EDM208 并行数模转换模块 D0 ~ D7 插口。

EDM222-3V/5V 电平转换模块 A35 ~ A38 插口接 EDM608-1602 字符液晶模块 RS ~ BLK 插口。

EDM222-3V/5V 电平转换模块 A11 ~ A18 插口接 EDM608-1602 字符液晶模块 DB0 ~ DB7 插口。

EDM208-并行数模转换模块 VREF、 – VCC 插口接 – 5V，VDD 插口接 12V，$\overline{WR}$、$\overline{CS}$ 插口接地。

2. DDS 信号发生器电路调整与测量

（1）电路调整

根据图 1-1 所示的 DDS 信号发生器电路原理图把单元模块连接好后，正确接入电源，电路实现 DDS 信号发生器的功能作用。

电路具体使用设置：

按下 8 位独立按键中"SET"键，进行输出波形的循环选择。在液晶屏界面上显示"waveform：sine"代表输出的是"正弦波"，如图 1-4 所示。

显示"waveform：sque"代表输出的是"方波"，显示"waveform：tria"代表输出

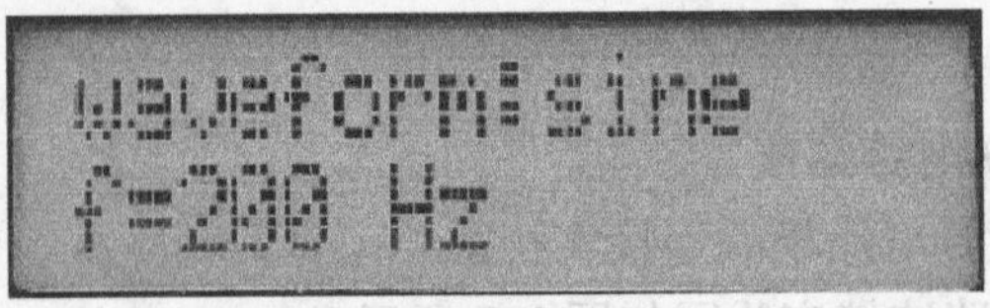

waveform:sine
f=200 Hz

图 1-4　界面显示正弦波输出

的是"三角波"，如图 1-5 所示。

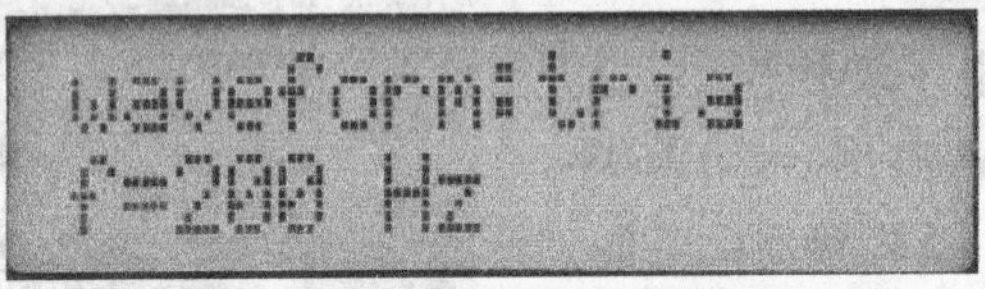

waveform:tria
f=200 Hz

图 1-5　界面显示三角波输出

输出频率的大小由按键"◄"与"►"来设定，其中"◄"按键代表递增，"►"按键代表递减。

（2）电路测量

设置电路，使电路分别输出频率为 500Hz、幅度 V_{P-P} 为 5V 的正弦波、方波和三角波，分别用数字示波器进行测量并进行记录。

1）正弦波（sine wave）的测量和记录。

① 波形的设置：按"SET"键，使液晶屏上显示"waveform：sine"，即此时输出波形为正弦波，同时按下"◄"与"►"键来设定输出的频率。

② 波形的测量：将搭建的电路与示波器连接，即将示波器探头接到图 1-1 中 J_2 "AOUT"输出端（在 EDM208-并行数模转换模块上）。测量的结果参考图 1-6。

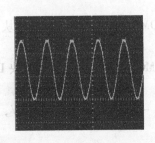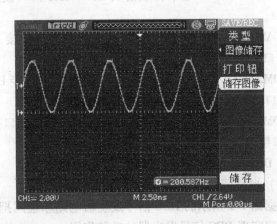

图 1-6　正弦波测量结果

③ 将测试得到的波形画在图 1-7 中，并完成有关参数的填写。

2）方波（square wave）的测量和记录。

① 波形的设置：按"SET"键，使液晶屏上显示"waveform：sque"，即此时输出

波形为方波，同时按"◄"与"►"键来设定输出的频率。

波形	频率	幅度
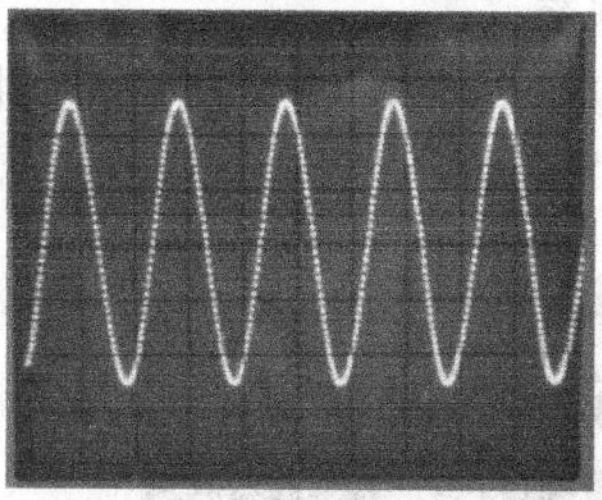 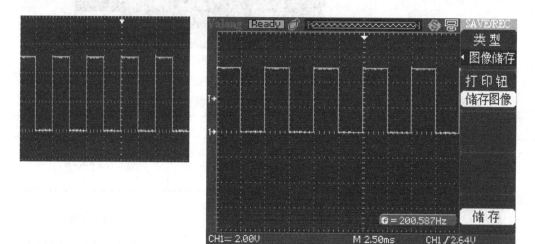	$f = 500\text{Hz}$	$V_{\text{P-P}} = 5.2\text{V}$
	量程范围	量程范围
	1ms/div	1V/div

图 1-7　测量正弦波波形及数据

② 波形的测量：将功能正确的电路与示波器连接，即将示波器探头接到图 1-1 中 J_2 "AOUT" 输出端。测量的结果参考图 1-8。

图 1-8　正弦波测量结果

③ 将测试到的波形画在图 1-9 中，并完成有关参数的填写。

波形	频率	幅度
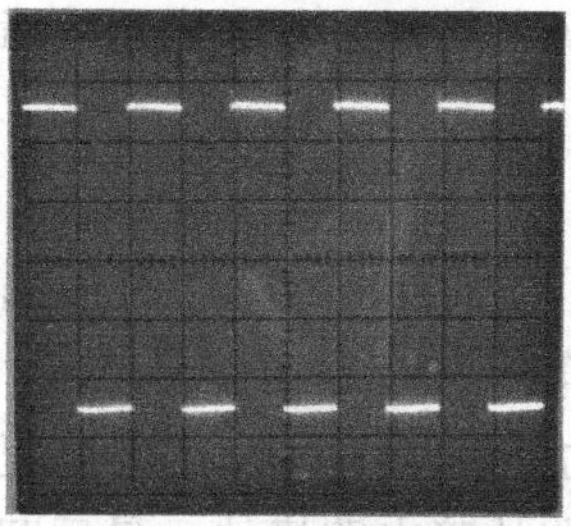	$f = 500\text{Hz}$	$V_{\text{P-P}} = 5.2\text{V}$
	量程范围	量程范围
	1ms/div	1V/div

图 1-9　测量方波波形及数据

3）三角波（triangular wave）的测量和记录。

① 波形的设置：按下"SET"键，使液晶屏上显示"waveform：tria"，即此时输出波形为三角波，同时按"◄"与"►"键来设定输出的频率。

② 波形的测量：将功能正确的搭建电路与示波器连接，即将示波器探头接到图 H 中 J₂ "AOUT" 输出端测量的结果如图 1-10 所示。

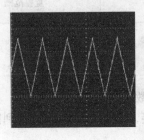
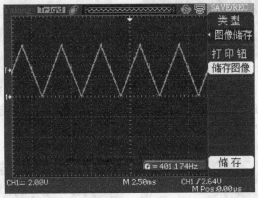

图 1-10　三角波测量结果

③ 将测试到的波形画在图 1-11 中，并完成有关参数的填写。

波形	频率	幅度
	$f = 500\text{Hz}$	$V_{P\text{-}P} = 5.2\text{V}$
	量程范围	量程范围
	1ms/div	1V/div

图 1-11　测量三角波波形及数据

3. DDS 信号发生器电路检测

由于电路是由模块搭建而成的，因此可以根据电路检测的结果来判断出现故障的模块电路，可以用排除法来进行检测。

（1）案例：EDM208-并行数模转换模块故障

故障现象：把各模块按电路要求连接，加电。开机后 EDM608-1602 字符液晶屏显示有信号输出，但实测 EDM208-并行数模转换模块 AOUT 输出端口没有信号输出。

故障检测过程：因为 DDS 信号发生器与电路模块的功能密切关联，在这过程中出现了数模转换过程，所以要找出故障之处，只能逐一排除非故障电路模块，最后归纳到某一电路模块。根据这一思路，可排除的非故障电路有：

1）EDM608 字符液晶模块正常。因为从故障现象中分析，开机后 EDM608-1602 字符液晶屏显示有信号输出，说明液晶显示器能正常显示，所以说字符液晶模块是正常的。

2）电源电路模块正常。

根据 EDM608-1602 字符液晶模块正常，可以初步判定电源电路是正常的，也可以用万用表对电源的输出端口进行测量，同样可以确定电源正常与否。

3）键盘电路 EDM406 模块正常。

按下键盘电路中的"F"键开机，显示电路中的 EDM608-1602 液晶显示器 LCD_1 点亮并显示欢迎界面；按"D"键进入设置界面；按"◀"与"▶"键，屏幕上显示的信号频率能正常进行递增和递减操作。这时，基本可以判定键盘电路 EDM406 模块是正常的。

4）单片机电路 EDM003 模块正常。

单片机电路 EDM003 模块是 DDS 电路的核心，很多电路的功能均是由微处理器控制，其是否正常关系到整个电路的功能是否正常。DDS 电路故障，但并未出现整个电路的所有功能消失。因为 EDM608-1602 字符液晶模块和键盘电路 EDM406 模块均是由 EDM003 模块控制的，而 EDM608-1602 和 EDM406 模块均正常，所以也可以证明单片机电路 EDM003 模块是正常的。

故障部位确定：在确定以上 4 个模块电路工作正常后，则故障应该是落在 D-A 电路 EDM208-并行数模转换模块上。

故障排除：改换 EDM208-并行数模转换模块，新搭建的电路恢复所有功能。

（2）搭建 DDS 信号发生器电路可能出现的故障现象、原因及解决方法见表 1-1

表 1-1　搭建 DDS 信号发生器电路可能出现的故障现象、原因及解决方法

故障现象	原　因	解决方法
液晶显示器屏幕没有显示	没有接电源	接电源
	转换集成块 IC_5 坏	置换 EDM222 模块
	电阻 R_2 阻值增大	置换 EDM608-1602 液晶模块
	晶体管 VT_1 的 c-e 开路	
	没有 V_0 电压	
	LCD_1 引脚 3 没有电压	
	晶体振荡器 Y_1 坏	置换 EDM003 主机模块
	微处理器 IC_6 坏	
没有信号输出	微处理器 IC_6 坏	置换 EDM003 主机模块
	运放集成块 IC_2 坏	置换 EDM208 模块
	数模转换集成块 IC_1 坏	
	转换集成块 IC_3 坏	置换 EDM222 模块
虽有信号输出和显示，但信号不能调整	按键 $S_1 \sim S_3$ 损坏	置换 EDM403 模块
	微处理器 IC_6 坏	置换 EDM003 主机模块

4. 绘制 DDS 信号发生器电路原理框图

根据图 1-1 所示电路原理图，画出 DDS 信号发生器电路原理框图，如图 1-12

所示。

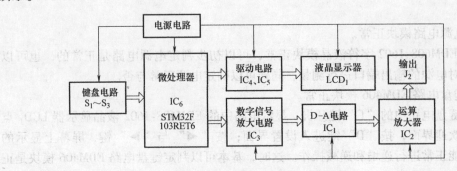

图 1-12　DDS 信号发生器电路原理框图

四、知识链接

（一）相关单元模块知识

1. EDM003-STM32 主机模块

EDM003 属于单片机电路模块之一。

（1）模块电路

EDM003-STM32 主机模块电路如图 1-13 所示。

（2）模块实物

EDM003-STM32 主机模块实物如图 1-14 所示。

（3）功能描述

EDM003-STM32 主机模块接线端口说明：

PA0～PA15：PA 系列 I/O 通信口。

PB0～PB15：PB 系列 I/O 通信口。

PC0～PC13：PC 系列 I/O 通信口。

USBPULL：USB 信号接口。

+3.3V：接 3.3V 电源正极。

+5V：接 5V 电源正极。

GND：接电源负极（地）。

排插 PA_L 输出功能与 PA0～PA7 插口相同，在 PA0～PA7 插口输出信号时，可直接使用排插 PA_L 输出信号。

排插 PA_H 输出功能与 PA8～PA15 插口相同，在 PA8～PA15 插口输出信号时，可直接使用排插 PA_H 输出信号。

排插 PB_L 输出功能与 PB0～PB7 插口相同，在 PB0～PB7 插口输出信号时，可直接使用排插 PB_L 输出信号。

排插 PB_H 输出功能与 PB8～PB15 插口相同，在 PB8～PB15 插口输出信号时，可直接使用排插 PB_H 输出信号。

排插 PC_L 输出功能与 PC0～PC7 插口相同，在 PC0～PC7 插口输出信号时，可直接使用排插 PC_L 输出信号。

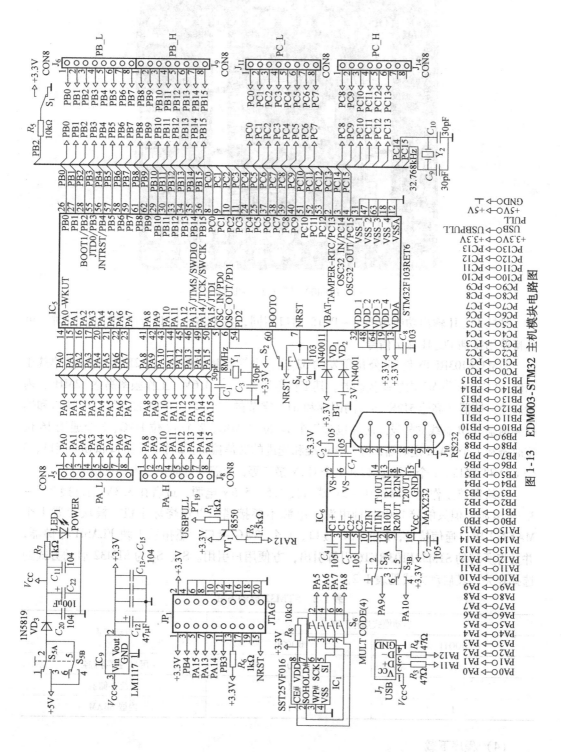

图 1-13　EDM003-STM32 主机模块电路图

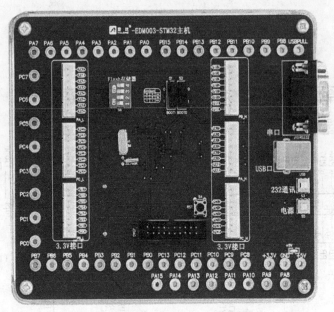

图 1-14　EDM003-STM32 主机模块实物图

排插 PC_H 输出功能与 PC8 ~ PC15 插口相同，在 PC8 ~ PC15 插口输出信号时，可直接使用排插 PC_H 输出信号。

STM32F103RET6 是 ST 公司研发的 32 位、中等容量增强型、512K 字节闪存的基于 ARM 的 Cortex™-M3 内核微控制器。其工作电压为 2.0 ~ 3.6V，工作频率高达 72MHz，内置高速存储器（高达 512K 字节的闪存和 64K 字节的 SRAM），丰富的增强 I/O 端口和连接到两条 APB 总线的外设。芯片包含 2 个 12 位的 ADC、2 个 12 位 DAC、3 个通用 16 位定时器和 1 个 PWM 定时器，还包含标准和先进的通信接口：2 个 I²C 接口和 SPI 接口、3 个 USART 接口、1 个 USB 接口和 1 个 CAN 接口等，电路设计简单且内部资源丰富。

模块电路工作电压可以在 +5V 端口接 4.5 ~ 5.5V 电源，或者在 3.3V 端口接 2.7 ~ 3.3V 电源，但只能接其中一种电源，电源不要接错，以免烧坏主机。模块设置 1 个 MAX232 串口通信接口，1 个 USB 接口，1 个 JTAG 接口，还拓展 1 块 FLASH 存储器，并且将所有的 STM32F103RET6 引脚引出，方便用户引用。S₁、S₂ 为 STM32 启动方式的选择开关，其启动方式见表 1-2。

表 1-2　STM32 启动方式

启动模式选择引脚		启动模式
BOOT1	BOOT0	
X	0	用户内存存储器
0	1	系统存储器
1	1	内嵌 SRAM

（4）程序下载

此模块的程序可通过 JTAG 接口或者串口下载。其提供的电子装配实例都是通过串口下载程序的，所以用串口线将模块和计算机连好。将 S_1 打到"0"位置，S_2 打到"1"位置。下载前首先按下模块上的复位键，然后再单击下载，等待程序下载完成。

SST25VF016 是一块高速 SPI 通信的内存为 16Mbit 的 FLASH 存储芯片。SST25VF016 工作时序图如图 1-15 所示。可以通过模块中 S_6 拨动开关选择其与 FLASH 存储芯片连接或不连接。

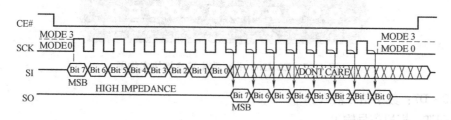

图 1-15　SST25VF016 工作时的时序图

MAX232 芯片详细介绍见《电子产品模块电路及应用》第一册第 54 页。

除电源外，所有引出端口都是 3V 端口，不要与 5V 或其他大于 3.3V 设备直接相连，以免烧坏单片机引脚。若要与 5V 模块相连，先连 EDM222-3V/5V 电平转换模块。

2. EDM208-并行数模转换模块

EDM208 属于信号采样处理电路模块之一。

（1）模块电路

EDM208-并行数模转换模块电路如图 1-16 所示。

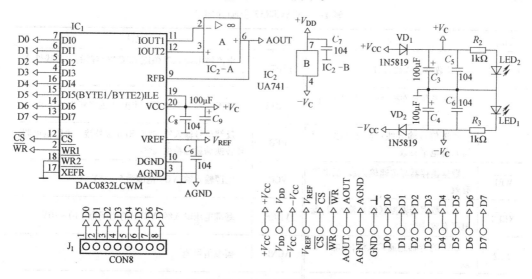

图 1-16　EDM208-并行数模转换模块电路图

（2）模块实物

EDM208-并行数模转换模块实物如图 1-17 所示。

（3）模块功能

EDM208-并行数模转换模块接线端口说明：

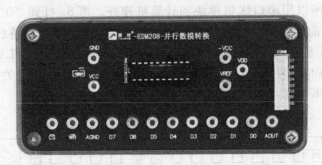

图 1-17　EDM208-并行数模转换模块实物图

D0 ~ D7：数字信号输入。

AOUT：模拟信号输出。

VCC：电源正极。

－VCC：电源负极。

GND：电源输出公共端（地）。

排插 CON8 输出功能与 D0 ~ D7 插口相同，在 D0 ~ D7 插口输出信号时，可直接使用排插 CON8 输出信号。

EDM208-并行数模转换模块工作电压为 5 ~ 15V，模块采用外部电源供电。

DAC0832 是 8 分辨率的 D-A 转换集成芯片，与微处理器完全兼容。DAC0832 引脚介绍见表 1-3。

表 1-3　DAC0832 引脚介绍

引脚	功能	引脚	功能
D0 ~ D7	8 位数据输入线,TTL 电平	IOUT1	电流输出端 1,其值随 DAC 寄存器的内容线性变化
ILE	数据锁存允许控制信号输入线,高电平有效	IOUT2	电流输出端 2,其值与 IOUT1 值之和为一常数
$\overline{CS}$	片选信号输入线(选通数据锁存器),低电平有效	RFB	反馈信号输入线,改变 RFB 端外接　电阻值可调整转换满量程精度
$\overline{WR1}$	数据锁存器写选通输入线,低电平有效	VCC	电源输入端,VCC 范围为 5 ~ 15V
$\overline{XEFR}$	有效数据传输控制信号输入线,低电平有效	VREF	基准电压输入线,VREF 的范围为 － 10 ~ 10V
$\overline{WR2}$	DAC 寄存器选通输入线,低电平有效	AGND	模拟信号地
DGND	数字信号地		

模块电路中 $\overline{CS}$、$\overline{WR1}$、ILE 分别与微处理器的 $\overline{CS}$、$\overline{WR}$、I/O 相连，当三者均有效时，DAC0832 进行 D-A 转换并通过 IOUT1 传送模拟量。

3. EDM608-1602 字符液晶模块

EDM608 属于执行器件电路模块之一。

（1）模块电路

EDM608-1602 字符液晶模块电路如图 1-18 所示。

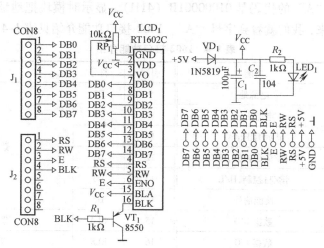

图 1-18　EDM608-1602 字符液晶模块电路图

（2）模块实物

EDM608-1602 字符液晶模块实物如图 1-19 所示。

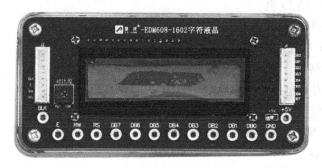

图 1-19　EDM608-1602 字符液晶模块实物图

（3）功能描述

EDM608-1602 字符液晶模块接线端口说明如下。

DB0 ~ DB7：8 位双向数据输入端。

BLK ~ RS：接微处理器控制端。

+5V：接 5V 电源正极。

GND：接电源负极（地）。

排插 J_1 输出功能与 DB0 ~ DB8 插口相同，在 DB0 ~ DB8 插口输出信号时，可直接使用排插 J_1 输出信号。

排插 J_2 输出功能与 BLK ~ RS 插口相同，在 BLK ~ RS 插口输出信号时，可直接使用排插 J_2 输出信号。

1602 字符型液晶显示模块是一种专门用于显示字母、数字、符号等点阵式 LCD。它的读写操作、屏幕和光标的操作都是通过指令编程来实现的。1602 液晶模块内部的字符发生存储器（CGROM）已经存储了 160 个不同的点阵字符图形，包括阿拉伯数字、英文字母的大小写、常用的符号和日文假名等，每一个字符都有一个固定的代码。比如大写的英文字母"A"的代码是 01000001B（41H），显示时模块把地址 41H 中的点阵字符图形显示出来，我们就看到字母"A"。1602 接口功能介绍见表 1-4。

表 1-4　1602 接口功能介绍

引脚	符号	功能	引脚	符号	功能
1	GND	电源地	9	D2	
2	VDD	电源正极	10	D3	
3	V0	显示偏压信号	11	D4	
4	RS	数据/命令控制,H/L	12	D5	数据 I/O
5	RW	读/写控制,H/L	13	D6	
6	E	使能信号	14	D7	
7	D0	数据 I/O	15	BLA	背光源正
8	D1	数据 I/O	16	BLK	背光源

4. EDM403-8 位独立按键模块

EDM403-8 位独立按键模块属于开关和驱动电路模块之一，详细介绍见《电子产品模块电路及应用》第 56 页。

5. EDM222-3V/5V 电平转换模块

EDM222 属于信号采样处理电路模块之一。

（1）模块电路

EDM222-3V/5V 电平转换模块电路如图 1-20 所示。

（2）模块实物

EDM222-3V/5V 电平转换模块实物如图 1-21 所示。

（3）功能描述

EDM222-35V 电平转换模块端口说明如下。

A11 ~ A48：数据转换方向 A。

B11 ~ B48：数据转换方向 B。

DIR1 ~ DIR4：数据转换方向信号驱动输入端。

+3.3V：接 3.3V 电源正极。

+5V：接 5V 电源正极。

GND：接电源负极（地）。

排插 IC_1-A 输出功能与 A11 ~ A18 插口相同，在 A11 ~ A18 插口输出信号时，可直接使用排插 IC_1-A 输出信号。

排插 IC_1-B 输出功能与 B11 ~ B18 插口相同，在 B11 ~ B18 插口输出信号时，可直接使用排插 IC_1-B 输出信号。

排插 IC_2-A 输出功能与 A21 ~ A28 插口相同，在 A21 ~ A28 插口输出信号时，可直接使用排插 IC_2-A 输出信号。

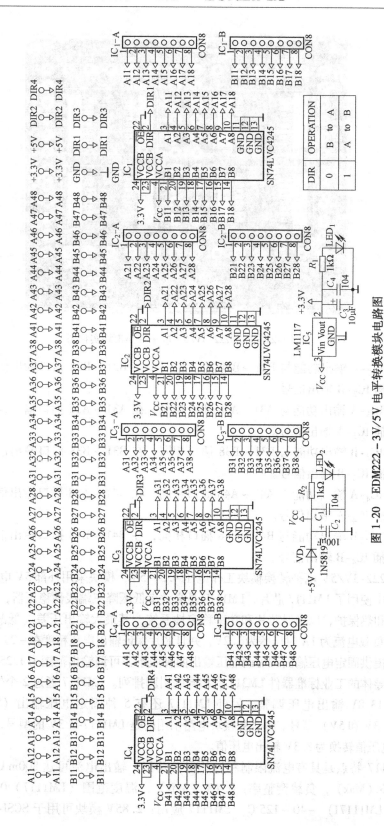

图 1-20 EDM222 - 3V/5V 电平转换模块电路图

图 1-21　EDM222-3V/5V 电平转换模块实物图

排插 IC_2-B 输出功能与 B21 ~ B28 插口相同，在 B21 ~ B28 插口输出信号时，可直接使用排插 IC_2-B 输出信号。

排插 IC_3-A 输出功能与 A31 ~ A38 插口相同，在 A31 ~ A38 插口输出信号时，可直接使用排插 IC_3-A 输出信号。

排插 IC_3-B 输出功能与 B31 ~ B38 插口相同，在 B31 ~ B38 插口输出信号时，可直接使用排插 IC_3-B 输出信号。

排插 IC_4-A 输出功能与 A41 ~ A48 插口相同，在 A41 ~ A48 插口输出信号时，可直接使用排插 IC_4-A 输出信号。

排插 IC_4-B 输出功能与 B41 ~ B48 插口相同，在 B41 ~ B48 插口输出信号时，可直接使用排插 IC_4-B 输出信号。

EDM222-3V/5V 电平转换模块工作电压 4.5 ~ 5V，模块采用外部 5V 电源供电。

电路中使用了 LM1117 芯片，LM1117 是高效率低压降三端线性稳压器，LM1117 提供电流限制和热保护，以确保芯片和功率稳定性系统，其最大输出压差（低漏失电压）为 1.2V，即负载电流为 1A 时压差为 1.2V，并且芯片保证输出电压精度在 −2% ~ +2%。芯片同时也提供固定电压输出和可调电压输出两种版本，可调输出范围为 1.25 ~ 13.8V。它与国家半导体的工业标准器件 LM317 有相同的引脚排列。LM1117 通过 2 个外部电阻可实现 1.25 ~ 13.8V 输出电压调整。另外 LM1117 还有 5 种固定电压输出（1.8V、2.5V、2.85V、3.3V 和 5V）型号。本任务模块电路采用的是 LM1117-3.3V 的型号，可以直接将 5V 输入电压值转换为 3.3V 输出电压值。

LM1117 特点是具有电流限制和过热保护功能，输出电流可达 800mA，线性调整率：0.2%（Max），负载调整率：0.4%（Max），温度范围（LM1117）0 ~ 125℃，温度范围（LM1117I）−40 ~ 125℃，LM1117 应用：2.85V 模块可用于 SCSI-2 有源终端、开关 DC/DC 转换器的主调压器、高效线性调整器、电池充电器和电池供电装置。

SN74LVC4245 是 8 位数据总线转换器,含有两个独立的供电电源(5V、3.3V),可以实现 5V 与 3.3V 之间的电平转换。在异步通信时,数据可以双向传送,其传送方向取决于 DIR 的输入电平(数据传送方向见表 1-5)。$\overline{OE}$ 是芯片的使能控制端。模块电路中共有四个 SN74LVC4245 与一个 LM1117-3.3V,用户可以搭建各种需要的外围电路。

表 1-5 数据传送方向

输入		数据转换方向
$\overline{OE}$	DIR	
L	L	B→A
L	H	A→B
H	X	隔离

(二)相关电路知识

1. 数模转换电路(D-A 转换器)

(1)D-A 转换器的基本原理

数字量是用代码按数位组合起来表示的,对于有权码,每位代码都有一定的权。为了将数字量转换成模拟量,必须将每 1 位的代码按其权的大小转换成相应的模拟量,然后将这些模拟量相加,即可得到与数字量成正比的总模拟量,从而实现了数字-模拟信号的转换。这就是构成 D-A 转换器的基本思路。

图 1-22 为 D-A 转换器的输入、输出关系框图,$D_0 \sim D_{n-1}$ 是输入的 n 位二进制数,u_o 是与输入二进制数成比例的输出电压。

图 1-23 为一个输入 3 位二进制数时,D-A 转换器的转换特性,它反映了 D-A 转换器的基本功能。

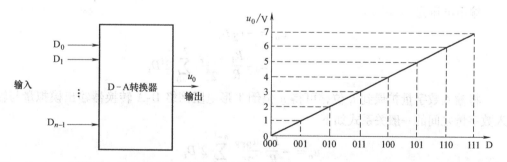

图 1-22 D-A 转换器的输入、输出关系框图　图 1-23 输入 3 位二进制数时 D-A 转换器的转换特性

(2)倒 T 形电阻网络 D-A 转换器

在单片集成的 D-A 转换器中,使用最多的是倒 T 形电阻网络 D-A 转换器。

四位倒 T 形电阻网络 D-A 转换器原理图如图 1-24 所示。

$S_0 \sim S_3$ 为模拟开关,R、$2R$ 电阻解码网络呈倒 T 形,运算放大器 A 构成求和电路。S_i 由输入数码 D_i 控制,当 $D_i = 1$ 时,S_i 接运放反相输入端("虚地"),I_i 流入求和电路;当 $D_i = 0$ 时,S_i 将电阻 $2R$ 接地。

  无论模拟开关 S_i 处于何种位置，与 S_i 相连的 $2R$ 电阻均等效接"地"（地或虚地）。这样流经 $2R$ 电阻的电流与开关位置无关，为固定值。

  分析 R、$2R$ 电阻解码网络不难发现，从每个接点向左看的二端网络等效电阻均为 R，流入每个 $2R$ 电阻的电流从高位到低位按 2 的整倍数递减。设由基准电压源提供的总电流为 $I(I = u_{REF}/R)$，则流过各开关支路（从右到左）的电流分别为 $I/2$、$I/4$、$I/8$ 和 $I/16$。

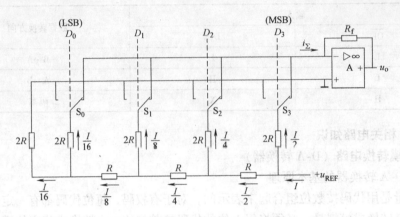

图 1-24 四位倒 T 形电阻网络 D-A 转换器原理图

  于是可得总电流为

$$i_{\Sigma} = \frac{u_{REF}}{R}\left(\frac{D_0}{2^4} + \frac{D_1}{2^3} + \frac{D_2}{2^2} + \frac{D_3}{2^1}\right)$$

$$= \frac{u_{REF}}{2^4 R}\sum_{i=0}^{3} 2^i D_i$$

输出电压为

$$u_o = -i_{\Sigma} R_f$$

$$= -\frac{R_f}{R}\frac{u_{REF}}{2^4}\sum_{i=0}^{3} 2^i D_i$$

  将输入数字量扩展到 n 位，可得 n 位倒 T 形电阻网络 D-A 转换器输出模拟量与输入数字量之间的一般关系式如下

$$u_o = -\frac{R_f}{R}\frac{u_{REF}}{2^n}\sum_{i=0}^{n-1} 2^i D_i$$

  设 $K = \frac{R_f}{R}\frac{u_{REF}}{2^n}$，$N_B$ 表示括号中的 n 位二进制数，则

$$u_o = -KN_B$$

  要使 D-A 转换器具有较高的精度，对电路中的参数有以下要求：
  ① 基准电压稳定性好。
  ② 倒 T 形电阻网络中 R 和 $2R$ 电阻的比值精度要高。
  ③ 每个模拟开关的开关电压降要相等。为实现电流从高位到低位按 2 的整倍数递

减，模拟开关的导通电阻也需要相应地按 2 的整倍数递增。

由于在倒 T 形电阻网络 D-A 转换器中，各支路电流直接流入运算放大器的输入端，它们之间不存在传输上的时间差。这一特点不仅提高了电路的转换速度，而且也减少了动态过程中输出端可能出现的尖脉冲。它是目前广泛使用的 D-A 转换器中速度较快的一种。常用的 CMOS 开关倒 T 形电阻网络 D-A 转换器的集成电路有 AD7520（10 位）、DAC1210（12 位）和 AK7546（16 位高精度）等。

（3）权电流型 D-A 转换器

尽管倒 T 形电阻网络 D-A 转换器具有较高的转换速度，但由于电路中存在模拟开关电压降，当流过各支路的电流稍有变化时，就会产生转换误差。为进一步提高 D-A 转换器的转换精度，可采用权电流型 D-A 转换器，权电流型 D-A 转换器原理如图 1-25 所示。

1）原理电路。恒流源从高位到低位电流的大小依次为 $I/2$、$I/4$、$I/8$、$I/16$。

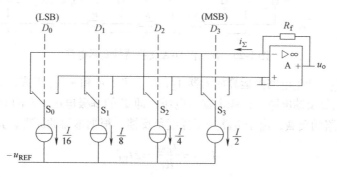

图 1-25　权电流型 D-A 转换器原理图

当输入数字量的某一位代码 $D_i = 1$ 时，开关 S_i 接运算放大器的反相输入端，相应的权电流流入求和电路；当 $D_i = 0$ 时，开关 S_i 接地。分析该电路可得出

$$u_o = i_\Sigma R_f$$
$$= R_f \left(\frac{I}{2} D_3 + \frac{I}{4} D_2 + \frac{I}{8} D_1 + \frac{I}{16} D_0 \right)$$
$$= \frac{I}{2^4} \cdot R_f \left(D_3 \cdot 2^3 + D_2 \cdot 2^2 + D_1 \cdot 2^1 + D_0 \cdot 2^0 \right)$$
$$= \frac{I}{2^4} \cdot R_f \sum_{i=0}^{3} D_i \cdot 2^i$$

采用了恒流源电路之后，各支路权电流的大小均不受开关导通电阻和压降的影响，这就降低了对开关电路的要求，提高了转换精度。

2）采用具有电流负反馈的 BJT 恒流源电路的权电流 D-A 转换器。

为了消除因各 BJT 发射极电压 U_{BE} 的不一致性对 D-A 转换器精度的影响，图中 $VT_3 \sim VT_0$ 均采用了多发射极晶体管，其发射极个数为 8、4、2、1，即 $VT_3 \sim VT_0$ 发射极面积之比为 8∶4∶2∶1。这样，在各 BJT 电流比值为 8∶4∶2∶1 的情况下，$VT_3 \sim VT_0$ 的发射极电流密度相等，可使各发射极电压 U_{BE} 相同。由于 $VT_3 \sim VT_0$ 的基极电压相同，所以它们的发射极 e_3、e_2、e_1、e_0 就为等电位点。在计算各支路电流时将它们等效连接后，可以看出倒 T 形电阻网络与图 1-26 所示工作状态完全相同，流入每个 2R 电阻的电流从高位到低位依次减少 1/2，各支路中电流分配比例满足 8∶4∶2∶1 的要求。

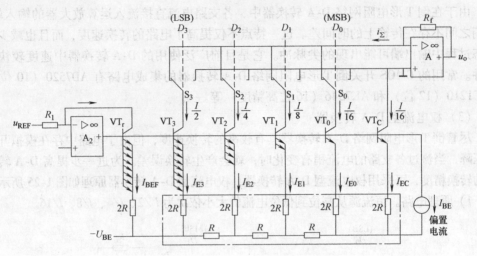

图 1-26　权电流 D-A 转换器的实际电路

基准电流 I_{REF} 产生电路由运算放大器 A_2、R_1、T_r、R 和 $-U_{\text{BE}}$ 组成，A_2 和 R_1、T_r 的 cb 结组成电压并联负反馈电路，以稳定输出电压，即 T_r 的基极电压。T_r 的 cb 结，电阻 R 到 $-U_{\text{BE}}$ 为反馈电路的负载，由于电路处于深度负反馈，根据虚短的原理，其基准电流为

$$I_{\text{REF}} = \frac{u_{\text{REF}}}{R_1} = 2I_{\text{E3}}$$

由倒 T 形电阻网络分析可知，$I_{\text{E3}} = I/2$，$I_{\text{E2}} = I/4$，$I_{\text{E1}} = I/8$，$I_{\text{E0}} = I/16$，于是可得输出电压为

$$u_{\text{o}} = i_{\Sigma} R_{\text{f}}$$
$$= \frac{R_{\text{f}} u_{\text{REF}}}{2^4 R_1} (D_3 \cdot 2^3 + D_2 \cdot 2^2 + D_1 \cdot 2^1 + D_0 \cdot 2^0)$$

可推得 n 位倒 T 形权电流 D-A 转换器的输出电压为

$$u_{\text{o}} = \frac{u_{\text{REF}}}{R_1} \cdot \frac{R_{\text{f}}}{2^n} \sum_{i=0}^{n-1} 2^i \cdot D_i$$

该电路特点为，基准电流仅与基准电压 u_{REF} 和电阻 R_1 有关，而与 BJT、R、$2R$ 电阻无关。这样，降低了电路对 BJT 参数及 R、$2R$ 取值的要求，对于集成化十分有利。

由于在这种权电流 D-A 转换器中采用了高速电子开关，电路还具有较高的转换速度。采用这种权电流型 D-A 转换电路生产的单片集成 D-A 转换器有 AD1408、DAC0806、DAC0808 等。这些器件都采用双极型工艺制作，工作速度较高。

（4）D-A 转换器的主要技术指标

1）转换精度。D-A 转换器的转换精度通常用分辨率和转换误差来描述。

① 分辨率——D-A 转换器模拟输出电压可能被分离的等级数。输入数字量位数越多，输出电压可分离的等级越多，即分辨率越高。在实际应用中，往往用输入数字量的位数表示 D-A 转换器的分辨率。此外，D-A 转换器也可以用能分辨的最小输出电压（此时输入的数字代码只有最低有效位为 1，其余各位都是 0）

与最大输出电压（此时输入的数字代码各有效位全为 1）之比给出。N 位 D-A 转换器的分辨率可表示为 $\dfrac{1}{2^n-1}$。它表示 D-A 转换器在理论上可以达到的精度。

② 转换误差。

转换误差的来源很多，包括转换器中各元件参数值的误差、基准电源不稳定性、运算放大器的零漂影响等。

D-A 转换器的绝对误差（或绝对精度）是指输入端加入最大数字量（全 1）时，D-A 转换器的理论值与实际值之差，该误差值应低于 LSB/2。

2）转换速度。

① 建立时间（t_{set}）——输入数字量变化时，输出电压变化到相应稳定电压值所需时间。一般用 D-A 转换器输入的数字量 NB 从全 0 变为全 1 时，输出电压达到规定的误差范围（±LSB/2）时所需时间表示。D-A 转换器的建立时间较快，单片集成 D-A 转换器建立时间最短可达 0.1 μs 以内。

② 转换速率（SR）——大信号工作状态下模拟电压的变化率。

3）温度系数。温度系数指在输入不变的情况下，输出模拟电压随温度变化产生的变化量。一般用满刻度输出条件下温度每升高 1℃，输出电压变化的百分数作为温度系数。

2. 加法器

在计算机系统中，最基本的运算器就是加法器。计算机进行的各种算术运算（如：加、减、乘、除）均要转化为加法运算，所以加法器是计算机中央处理器中算术逻辑运算单元的最基本组成部分。加法器又分为半加器和全加器。

（1）半加器

半加器是用来完成两个一位二进制数求和的逻辑电路。它只考虑本位数的相加，而不考虑低位来的进位数，所以称为半加器。

1）功能及真值表。设 A、B 为两个一位二进制数，S 为本位的和数，C 表示向高位的进位。半加器示意图如图 1-27 所示。

图 1-27　半加器示意图　　　　　　　　　　图 1-28　半加器逻辑符号

在图 1-27 中，A、B 为电路的输入信号，S、C 为电路的两个输出信号，它们之间的逻辑关系见表 1-6。半加器的逻辑符号如图 1-28 所示。

表 1-6　半加器真值表

输入		输出	
A（被加数）	B（加数）	S（和数）	C（进位数）
0	0	0	0
0	1	1	0

2）逻辑表达式。根据表 1-6，列出半加器本位和数 S 与进位的逻辑表达式。

$$S = \overline{A}B + A\overline{B} = A \oplus B$$
$$C = AB$$

3）逻辑电路。根据 S 和 C 的逻辑表达式可以绘制其逻辑
电路图，如图 1-29 所示。在设计时要充分利用成品门电路，
以便简化电路结构。半加器的逻辑电路可由一个异或门和一
个与门组成，在实际应用时应尽可能使用同一种门电路，因
此，最简逻辑式往往都需要变换。如：将半加器用与非门来
实现，则需变换 S 和 C 的表达式和逻辑图，如图 1-30 所示。

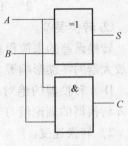

图 1-29　半加器逻辑图

$$S = \overline{A}B + A\overline{B} = \overline{\overline{\overline{A}B} + \overline{A\overline{B}}} = \overline{\overline{\overline{A}B} \cdot \overline{A\overline{B}}}$$
$$C = AB = \overline{\overline{AB}}$$

（2）全加器

通常在进行十进制的加法时，从十位数开
始，除本位数相加外，还必须再加上前一位的进
位数。同样，在二进制的加法中，从第二位数开
始就必须考虑前一位的进位数，要与前一位的进
位数一起相加。所以，把能实现两个一位二进制
数及低位的进位数进行加法运算的电路称为全
加器。

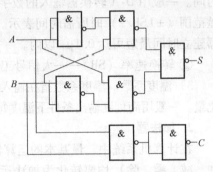

图 1-30　用与非门表示的半加器逻辑图

1）功能及真值表。设 A_n、B_n 为本位加数；
C_{n-1} 为低位进位数；S_n 为本位和数；C_n 为向高位
的进位数。全加器示意图如图 1-31 所示。

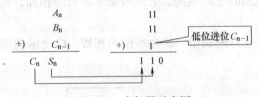

图 1-31　全加器示意图

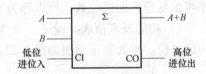

图 1-32　全加器逻辑符号

图 1-31 中，A_n、B_n、C_{n-1} 为电路的输入信号，S_n、C_n 为电路的两个输出信号。图
1-32 为全加器的逻辑符号。

2）逻辑表达式。根据真值表及输入、输出的关系列出逻辑表达式。

$$S_n = \overline{C_{n-1}}\ \overline{A_n}B_n + \overline{C_{n-1}}A_n\ \overline{B_n} + C_{n-1}\overline{A_n}\ \overline{B_n} + C_{n-1}A_nB_n$$
$$C_n = \overline{C_{n-1}}A_nB_n + C_{n-1}\overline{A_n}\ B_n + C_{n-1}A_n\overline{B_n} + C_{n-1}A_nB_n$$

3）逻辑电路

根据逻辑式画出全加器逻辑图，如图 1-33 所示。图 1-34 为集成电路 7482（2 位二
进制全加器）的引脚图，图中 A1、A2 和 B1、B2 为 2 位二进制数输入，C0 为低位进位
输入，S1、S2 为两本位和数输出，C2 为高位进位输出，NC 为空脚。全加器还可以用
两个半加器和一个或门组成，其逻辑图如图 1-35 所示。

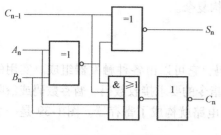

图 1-33　全加器逻辑图

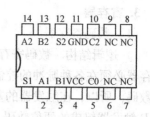

图 1-34　集成电路 7482 引脚图

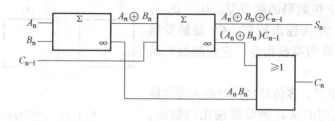

图 1-35　全加器逻辑图

（3）多位二进制数加法器

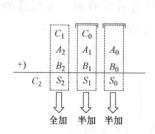

图 1-36　多位二进制数加法示意图

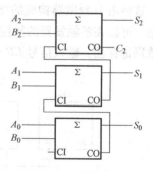

图 1-37　多位二进制数加法器逻辑图

在数字系统中，能进行多位二进制数加法运算的电路称为多位二进制数加法器。多位二进制数加法器含有半加器和全加器，也可以统一用全加器组成。多位二进制数加法示意图如图 1-36 所示，逻辑图如图 1-37 所示。根据其进位方式不同可分为"并行相加逐位进位加法器"和"超前进位加法器"两种类型。

1）并行相加逐位进位加法器。图 1-38 所示为三位二进制并行相加逐位进位加法器电路结构，它是由两个全加器和一个半加器组成。由于每一位的加法运算，必须等低位送来进位值才进行，所以加法运算是逐位进行的，速度较慢。其优点是电路比较简单。

2）超前进位加法器。这种加法器可以使各位的

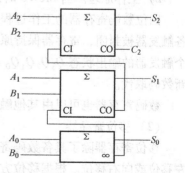

图 1-38　两个全加器和一个半加器
组成并行相加逐位进位加法器

加法运算同时进行，提高了运算速度，但电路结构复杂。

3. 寄存器

（1）数码寄存器

1）逻辑结构。数码寄存器只能用来寄存数码，它可以由各种触发器组成。实用的寄存器必须在各种脉冲的控制下进行工作，即按指令的要求接收数码、暂存数码或清除原数码，所以，在触发器的基础上增加一些控制电路就构成了寄存器。图 1-39 是一个由 D 触发器组成的两位数码寄存器。

图中 FF_0 表示寄存第 1 位数码的触发器，FF_1 表示寄存第 2 位数码的触发器。D_1、D_0 为输入数据，Q_1、Q_0 为输出数据。CP 是触发器的控制脉冲，或称为接收指令，它控制触发器是否接收数据。

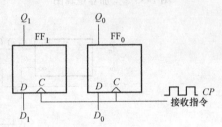

图 1-39　两位数码寄存器

在 CP 有效期间，多位数据同时进入寄存器的各触发器，又同时从各触发器输出端输出，这种数据输入输出方式称为并行输入和并行输出，相应的数据称为并行数据。

这种由 D 触发器构成的寄存器结构最简单，但没有清除功能，如果要清除寄存器数据，可以在各触发器的复位端加入负脉冲实现，如图 1-40 所示由 D 触发器组成的四位数码寄存器，输入信号 CR 连接到各触发器的复位端，为总清零信号。

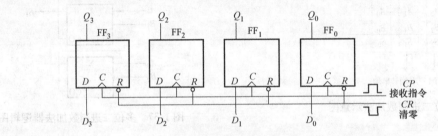

图 1-40　四位数码寄存器

2）工作原理。当 $CR=0$ 时，各触发器被复位，$Q_3Q_2Q_1Q_0$ 为 0000。

四位数码寄存器的工作过程和两位数码寄存器的工作过程基本相同。当 $CP=0$ 时，各触发器被封闭，寄存器保持原来的状态；当 CP 上升沿到来时，触发器接收数据，四个触发器的输出状态 $Q_3Q_2Q_1Q_0$ 与输入状态 $D_3D_2D_1D_0$ 相同，寄存器原来寄存的数码被新数码取代。

数码寄存器也可以由其他触发器组成，如 JK 触发器等。

（2）移位寄存器

移位寄存器除了具备数码寄存器的功能外，还具有数码移位的功能，可以把数码向左移位或向右移位。根据移位方式的不同，可以分为左移寄存器、右移寄存器和双向移位寄存器。

1）左移寄存器。

① 逻辑结构。左移寄存器就是把数码从低位向高位移动，因此，低位触发器的输出信号要送到高位触发器的输入端，图 1-41 就是一个由 D 触发器组成的四位左移寄存器逻辑电路。

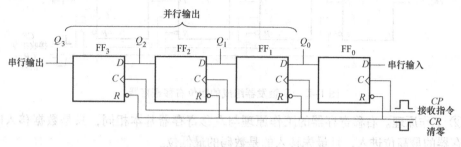

图 1-41　D 触发器组成的四位左移寄存器

② 工作原理。左移寄存器的数据是从寄存器最低位移入，最先移入的是数码的最高位，然后逐位向前移，这种数据输入方式称为串行输入。这样，当数码不断输入时，在最高位触发器的输出端可以按顺序得到一串数码，这种数据输出方式称为串行输出。按串行方式输出的数据称为串行数据。为保证数据的准确性，移位寄存器在输入数码前一般应先清零。

当第一个 CP 脉冲的上升沿到来时，在串行输入口的数码便进入第一位触发器 FF_0 并到达输出端 Q_0，同时也到达第二位触发器 FF_1 的输入端，并且首先进入寄存器的应是所寄存数码的最高位；当第二个 CP 脉冲上升沿到来时，Q_0 便进入 FF_1 并到达其输出端 Q_1，相当于 Q_0 向前移一位。与此同时，在第二个脉冲上升沿的作用下，在串行输入口的数码也同时进入 FF_0。如此类推。

例如要寄存数码 1001，从表 1-7 所示可以得到在各个 CP 脉冲作用下数码的输入、输出情况及寄存器的状态变化过程。

表 1-7　四位左移位寄存器

输出				输入	CP 脉冲
Q_3	Q_2	Q_1	Q_0		
0	0	0	0	0	0
0	0	0	1	1	1
0	0	1	0	0	2
0	1	0	0	0	3
1	0	0	0	1	4

2）右移寄存器。

① 逻辑结构。右移寄存器与左移寄存器比较，其电路结构和工作原理基本相同，只是移位方向不同。左移寄存器把低位触发器的输出信号送到高位触发器的输入端，右移寄存器则把高位触发器的输出信号送到低位触发器的输入端。图 1-42 是一个由 D 触发器组成的四位右移寄存器逻辑结构图。

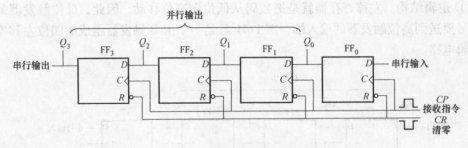

图 1-42　D 触发器组成的四位右移寄存器

② 工作原理。右移寄存器的工作原理与左移寄存器基本相同，只是数据移入时是从寄存器的最高位进入，且最先移入的是数码的最低位。

当 $CR=0$ 时，寄存器清零。

当 CP 脉冲上升沿到来时，最低位数码首先进入最高位触发器。当下一个 CP 脉冲上升沿到达时，最高位触发器数码向低位移动，同时下一位数码进入最高位触发器。当 CP 脉冲不断输入时，在串行输入口的数码就按顺序进入寄存器的最高位，并逐次右移。

3）双向移位寄存器。双向移位寄存器就是既能把数码左移又能把数码右移的移位寄存器。把左移寄存器和右移寄存器结合起来，加上移位方向控制电路就可以得到双向移位寄存器。方向控制电路可以由组合逻辑电路组成，但电路会比较复杂，如果由三态门组成则较为简单。

三态门是在普通门电路的基础上增加少量控制电路，图 1-43a 是三态门的逻辑符号。

由图 1-43a 可见，三态门是在与非门和非门中增加了一个控制端 EN，在 EN 有效期间（$EN=1$），三态门相当于普通的与非门和非门，而在 EN 无效期间（$EN=0$），三态门的输出呈高阻状态。所谓高阻状态，即相当于把输出端悬空。所以，三态门的输出有高电平、低电平和高阻三种状态。

在图 1-43 三态门逻辑符号图中，对于图 a，当 $EN=1$ 时，$Y=A$；对于图 b 当 $EN=1$ 时，$Y=\overline{A}$；对于图 c 和图 d，则当 $EN=0$ 时，有 $Y=A$ 和 $Y=\overline{A}$。

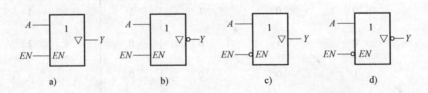

图 1-43　三态门逻辑符号

双向移位寄存器中用三态门组成的控制电路主要是控制数码移向高位触发器还是移向低位触发器，同时打开相应的数码的输入口。图 1-44 是用三态门控制的双向移位寄存器逻辑电路图。

4）循环移位寄存器。把移位寄存器的串行输出信号送回串行输入端，则构成循环移位寄存器。图 1-45 是左移循环移位寄存器。

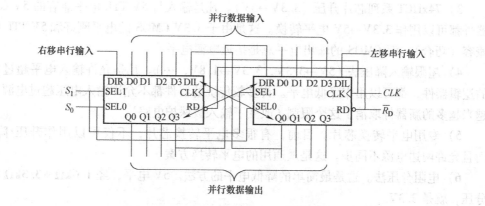

图1-44　三态门控制的双向移位寄存器

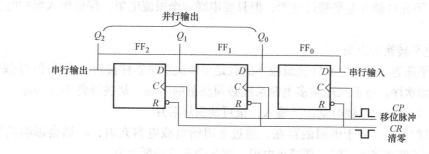

图1-45　左移循环移位寄存器

4. 电平转换电路

（1）定义

在新一代电子电路设计中，随着低电压逻辑的引入，系统内部常常出现如下现象：输入/输出逻辑不协调，需要电平转换；TTL、CMOS、ECL 等电路的高低电平阈值不同，它们之间逻辑连接需要电平转换；接口与接口之间，USB 与串口之间等，由于这些接口协议里面定义的电平不同，同样需要电平转换。

电平转换方式也将随逻辑电压、数据总线的形式（例如 4 线 SPI、32 位并行数据总线等）以及数据传输速率的不同而改变。现在虽然许多逻辑芯片都能实现较高的逻辑电平向较低逻辑电平的转换（如将 5V 转换至 3V），但极少有逻辑电路芯片能够将较低的逻辑电平转换成较高的逻辑电平（如将 3V 转换至 5V）。另外，电平转换器虽然也可以用晶体管甚至电阻-二极管的组合来实现，但因受寄生电容的影响，这些方法大大限制了数据的传输速率。

（2）常用的转换方法

1）晶体管 + 上拉电阻法。晶体管 + 上拉电阻法实际就是一个双极型晶体管或 MOSFET，C/D 极接一个上拉电阻到正电源，输入电平灵活，输出电平大致为正电源电平。

2）OC/OD 器件 + 上拉电阻法。OC/OD 器件 + 上拉电阻法与晶体管 + 上拉电阻法类似。适用于器件输出刚好为 OC/OD 的场合。

3）74xHCT 系列芯片升压（3.3V→5V）。凡是输入与 5V TTL 电平兼容的 5V CMOS 器件都可以用作 3.3V→5V 电平转换。这是由于 3.3V CMOS 的电平刚好和 5V TTL 电平兼容（巧合），而 CMOS 的输出电平总是接近电源电平。

4）超限输入降压法（5V→3.3V，3.3V→1.8V，…）。凡是允许输入电平超过电源的逻辑器件，都可以用作降低电平。许多较传统的器件都不允许输入电压超过电源，但越来越多的新器件取消了这个限制（改变了输入级保护电路）。

5）专用电平转换芯片。目前，有很多电平转换芯片，不仅可以用作升压/降压，而且允许两边电源不同步。这是最通用的电平转换方案。

6）电阻分压法。这是最简单的降低电平的方法。5V 电平，经 $1.6k\Omega + 3.3k\Omega$ 电阻分压，就是 3.3V。

7）限流电阻法。如果两个电阻太多，有时还可以只串联一个限流电阻。某些芯片虽然原则上不允许输入电平超过电源，但只要串联一个限流电阻，保证输入保护电流不超过极限。

（3）电平转换的原则

1）电平兼容。解决电平转换最根本的就是要解决逻辑器件接口的电平兼容问题。

2）电源次序。电源次序是多电源系统必须注意的问题。某些器件不允许输入电平超过电源，如果没有电源时就加上输入，很可能损坏芯片。

3）速度/频率。由于电阻的存在，通过电阻给负载电容充电，必然会影响信号跳沿速度。为了提高速度，就必须减小电阻，这又会造成功耗上升。

4）其他因素。设计电路时，还应考虑输出驱动能力、路数及成本等问题。

工作任务二　搭建 GPS 信息显示电路

一、任务名称

全球定位技术是空间科学技术发展的组成部分，它已经发展成为多领域、多模式、多用途、多机型的国际性高科技产业。GPS 信息显示电路基于单片机与 GPS 模块，可以实现定位的实时、经纬度等信息显示，本任务所用 GPS 信息显示电路简单，采用已有的模块搭建，实现功能方便。

二、任务描述

1. 搭建 GPS 信息显示电路原理图

GPS 信息显示电路原理图如图 2-1 所示。

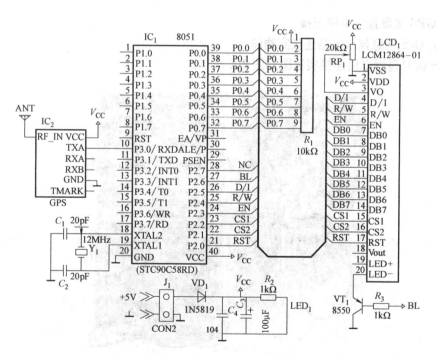

图 2-1　GPS 信息显示电路原理图

2. 搭建 GPS 信息显示电路模块

根据图 2-1 所示的 GPS 信息显示电路原理图可知，该电路由以下模块组成：

EDM315-固定直流稳压电源模块，EDM001-MCS51 主机模块，EDM606-12864 点阵液晶模块，EDM706-GPS 模块。

3. GPS 信息显示电路工作原理

（1）GPS 信息显示电路功能

将 GPS 天线 ANT 架起，并放置户外，正确连接电源，通电后，EDM706-GPS 模块工作，利用 GPS 技术模拟搜索信号，将 EDM706-GPS 模块定位的时间、纬度、经度和卫星数量读取，并在 EDM606-12864 点阵液晶模块上显示 GPS 搜索到的信息，显示"时间、纬、经、卫星"等信息内容。

（2）工作过程

电路正确接入电源后，天线 ANT 便可以接收围绕地球运转的 GPS 卫星发射的信号，并把接收到的信号送入 GPS 模块（IC_2），由该模块对信号进行处理，处理后的信号通过 IC_2 的 TXA 端口输出，送入单片机（IC_1）引脚 5，由于微处理器 8051 已经写入对 GPS 信号的处理程序，所以由 GPS 模块送来的信号经 IC_2 处理后，分别通过引脚 32 ~ 39，输出 GPS 卫星定位的相关信号给 LCD_1 液晶显示器的引脚 7 ~ 14，另外也通过引脚 21 ~ 28 输出液晶显示器显示所需要的信号，确保 LCD_1 液晶显示器能够显示机器接收到的 GPS 定位的所有信息。

三、任务完成

1. GPS 信息显示电路连接

（1）GPS 信息显示电路连接实物图

GPS 信息显示电路连接实物图如图 2-2 所示。

图 2-2　GPS 信息显示电路连接实物图

（2）连接说明

GPS 信息显示电路各模块电源插口都连接 5V 电源、GND。

EDM001-MCS51 主机模块 P0. 0 ~ P0. 7 插口接 EDM606-12864 点阵液晶的 DB0 ~ DB7 插口。

EDM001-MCS51 主机模块 P2.0 ~ P2.7 插口接 EDM606-12864 点阵液晶的 RST ~ NC 插口。

EDM001-MCS51 主机模块 P3.0 插口接到 EDM706-GPS 模块的 TXA 插口。

将计算机串口线接到模块 EDM001-MCS51 主机模块 232 串口上。

将亚龙公司提供的"GPS 模块调试工具.exe"软件复制到计算机上。

2. GPS 信息显示电路调整与测量

（1）电路的初始状态

根据图 2-1 所示 GPS 信息显示电路原理图把单元模块连接好，正确接入电源，并下载对应的 GPS 程序到模块 EDM001-MCS51 的微处理器芯片上。接通电源，液晶显示模块从开机时显示如图 2-3 所示，再到图 2-4 所示画面、最后稳定的显示如图 2-5 所示。图 2-6 所示为 GPS 信息显示电路进入工作时的状态。

图 2-3 开机显示的画面　　图 2-4 荧屏显示第二幅画面　　图 2-5 最后荧屏显示的画面

图 2-6 GPS 信息显示电路进入工作时的状态

（2）GPS 模块的调试

将搭建好的电路接通电源，将 GPS 接收器（天线）放置户外，同时，将计算机串口线接到 EDM001-MCS51 主机模块 232 串口上，如图 2-7 所示。将亚龙提供的"GPS 模块调试工具.exe"软件拷贝到计算机上。

在线状态启动 GPS 模块调试软件，如图 2-8 所示。选择串口，如"串口 1"，并选择新的波特率，如"4800"，单击"设置模块新的波特率"，如图 2-8 所示。

观察到模块 EDM001 上 P3.0 口的指示灯闪亮，表示模块 EDM001 微处理器 8051 已经与 EDM706-GPS 模块实现通信，等待几分钟，将观察到液晶显示屏上显示的当前接

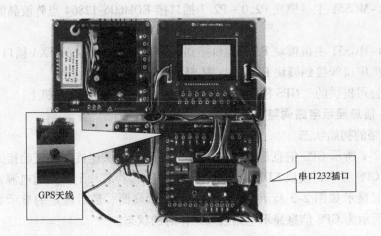

图 2-7   串口线的连接

图 2-8   双击"GPS 模块调试工具.exe"后计算机屏幕界面

收到的卫星数量、经度、纬度和时间参数,如图 2-9 所示。此时模块 EDM001 上 P3.0 口的指示灯不停闪亮,表示机器与卫星联系正常。

液晶显示屏显示参数说明如下。

时间:xx:xx:xx,表示 GPS 卫星定位时间。

北纬:xx°xx'xx″,表示定位的物体位置在北半球的纬度。

东经:xxx°xx'xx″,表示定位的物体位置在地球的经度。

卫星:xx 颗,表示参与定位物体位置的卫星数量。

3. GPS 信息显示电路检测

(1) GPS 信息显示电路定位显示条件

连接好电路模块并正确接入电源。

1）观察 EDM001 模块 P3.0 口指示灯是否不断闪烁。如果没有闪烁，说明 EDM706-GPS 模块上的天线还没有接收到信号，必须要把天线移到户外，并尽量不受其他物体的遮挡。

2）设置串口连接线连接 EDM001 模块 232 插口和计算机端口通信的波特率。

只有满足以上两个条件，才能够实现机器的功能。

图 2-9　液晶显示屏显示的 GPS 参数

3）案例：EDM706-GPS 模块故障

由于 GPS 信息显示电路是由模块搭建而成的，因此可以根据电路测试的结果来判断出现故障的模块电路，可以用排除法来进行检测。

故障现象：EDM606-12864 点阵液晶模块的液晶屏没有显示定位信号。

故障检测过程：检查连线正确后上电，因为只是 EDM606-12864 点阵液晶模块的液晶屏没有显示定位信号，而它还是能够进入开机的几个屏显，所以判定不是 EDM606-12864 点阵液晶模块的故障。用 EDM001-MCS51 主机模块置换，故障依旧。把天线移动到空旷地方，将"GPS 模块调试工具.exe"拷进计算机并按要求设置，但 EDM606-12864 点阵液晶模块液晶屏还是没有显示定位数据。

故障部位确定：完成以上的步骤后，故障确定落在 EDM706-GPS 模块上。

故障排除：用良好的 EDM706-GPS 模块置换，液晶屏显示出定位数据，所有功能恢复正常。

（2）搭建 GPS 信息显示电路可能出现的故障现象、原因及解决方法见表 2-1

表 2-1　搭建 GPS 信息显示电路可能出现的故障现象、原因及解决方法

故障现象	原　　因	解决方法
液晶显示器没有显示定位信号	天线位置不合适	移动天线到空旷地方
	"GPS 模块调试工具.exe"没有拷贝入计算机	重新拷入"GPS 模块调试工具.exe"并正确设置
	集成块 IC_2 的 GPS 模块损坏	置换 EDM706-GPS 模块
液晶显示器没有任何显示	LCD_1 液晶显示器没有上电	检查并加电 EDM606-12864 点阵液晶模块
	LCD_1 液晶显示器损坏	置换 EDM606-12864 点阵液晶模块
	电位器 RP1 损坏	
	晶体管 VT_3 损坏	
	电阻 R_3 变大	
	微处理器 IC_1 损坏	置换 EDM001-MCS51 主机模块
	晶体谐振器 Y_1 损坏	

4. 绘制 GPS 信息显示电路原理框图

根据图 2-10 GPS 信息显示电路原理图，绘制 GPS 信息显示电路原理框图如图 2-10 所示。

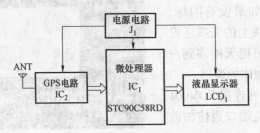

图 2-10　GPS 信息显示电路原理框图

四、知识链接

（一）相关单元模块知识

1. EDM315-固定直流稳压电源模块

EDM315 属于信号采样处理电路之一。

（1）模块电路

EDM315-固定直流稳压电源电路如图 2-11 所示。

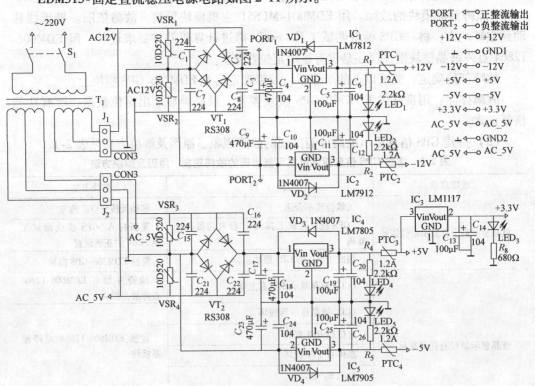

图 2-11　EDM315-固定直流稳压电源电路图

（2）模块实物

EDM315-固定直流稳压电源模块实物如图 2-12 所示。

（3）模块功能

EDM315-固定直流稳压电源模块接线端口说明如下。

　　±12V：双 ±12V 电源输出端。

　　GND1：±12V 电源输出公共端（地）。

　　±5V：双 ±5V 电源输出端。

　　GND：±5V 电源输出公共端（地）。

　　+3.3V：+3.3V 电源输出端。

　　GND：电源负极输出（地）。

　　AC-5V：双交流 5V 输出。

　　GND2：交流公共端（地）。

图 2-12　EDM315-固定直流稳压电源模块实物图

　　模块电路输出两组稳压电流源，一组是 ±12V；另一组是 ±5V，包括一个 3.3V。交流 220V 输入电压经过变压器得到 12V 与 5V 的两组交流电，再分别经过整流桥堆得到直流电，最后经过稳压集成电路输出 ±12V 与 ±5V，以及 +3.3V。LM7812、LM7805、LM1117-3.3 分别是 12V、5V、3V 正电压输出的三端稳压集成电路，LM7912、LM7905 分别是 12V、5V 负电压输出的三端稳压集成电路。模块中设置了多个测试点，可以通过各测试点测试电压，查看具体电压转换情况。

2. EDM001-MCS51 主机模块

EDM001 属于单片机电路模块之一。详细介绍见《电子产品模块电路及应用》第一册第 51 页。

3. EDM606-12864 点阵液晶模块

EDM606 属于显示电路模块之一。详细介绍见《电子产品模块电路及应用》第一册第 54 页。

4. EDM706-GPS 模块

（1）模块电路

EDM706-GPS 模块电路如图 2-13 所示。

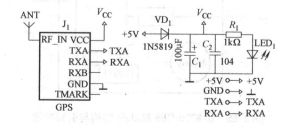

图 2-13　EDM706-GPS 模块电路图

（2）模块实物

EDM706-GPS 模块实物如图 2-14 所示。

（3）模块功能

EDM706-GPS 模块接线端口说明如下。

RF_IN：GPS 天线插头。

TXA：GPS 串行数据输出。

RXA：串行数据输入。

+5V：接 5V 电源正极

GND：接电源负极（地）

定位卫星在全球范围内进行实时定位、导航的系统，称为 GPS 全球卫星定位系统。GPS 全球卫星定位系统主要应用在定位、导航、测量等方面，如车辆定位、防盗、反劫、行驶路线监控及呼叫指挥等场合。EDM706-GPS 模块的引脚说明见表 2-2。

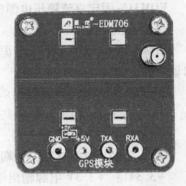

图 2-14　EDM706-GPS 模块实物图

表 2-2　EDM706-GPS 模块引脚说明

引　脚	标　称	说　明
1	VCC	3.5 ~ 5V 电源
2	TXA	GPS 数据输出端
3	TXB	数据输入口
4	GND	电源负极

模块主要通过串口输出定位信息，出厂设置的波特率为 4800，也可根据需要修改。

模块 EDM706-GPS 主要是 M-8729 GPS Module 组成，它的结构与引脚功能如图 2-15 所示。

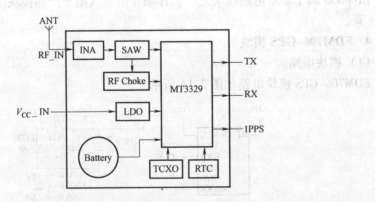

图 2-15　M-8729 GPS Module 结构与引脚功能

M-8729 GPS Module 主要是由 MT3329 模块组成的，MT3329 的结构与引脚功能如图 2-16 所示。MT3329 引脚功能说明见表 2-3。

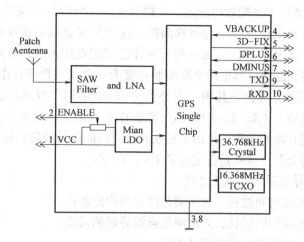

图 2-16　MT3329 的结构与引脚功能

表 2-3　MT3329 引脚功能说明

引脚	标称	I/O	功　能
1	VCC		主直流电源
2	ENABLE	I	高电平有效或悬空
3	GND		电源负极
4	VBACKUP		后备电源
5	3D-FIX	O	3D-FIX 标识
6	DPLUS	I/O	USB +
7	DMINUS	I/O	USB −
8	GND		地
9	TXD	O	NMEAL 串行数据输出
10	RXD	I	程序串行数制输入

通信协议采用 NMEA 协议，具体协议内容请参照 NMEA 协议手册。

（二）相关电路知识

1. 卫星定位技术

（1）子午卫星导航系统（NNSS）

子午卫星导航系统又称多普勒卫星定位系统，它是 58 年底由美国海军武器实验室开始研制，于 64 年建成的"海军导航卫星系统"（Navy Navigation Satellite System）。这是人类历史上诞生的第一代卫星导航系统。

1）子午卫星导航系统的定位原理。子午卫星的定位原理是通过测定同一颗卫星不同间隔时段其信号的多普勒效应，从而确定卫星在各时段相对观察者的视向速度和视向位移，再利用卫星导航电文所给定的 $t1$、$t2$、$t3$、$t4$⋯时刻的卫星空间坐标，结合对应的视向位移，解算出测站空间坐标 P（X，Y，Z）。多普勒定位的几何原理是：卫星在 $t1$、$t2$、$t3$、$t4$⋯点上的坐标是已知的，而任意两个相邻已知点到待定点 P 的距离差

（即视向位移）已通过多普勒效应测定。在数学上，一个动点 P 到两个定点的距离差为一定值时，该动点 P 则构成一个旋转双曲面，这两个定点就是该双曲面的焦点。于是以卫星所在的 t1、t2、t3、t4… 任意两个相邻已知定点作焦点，未知点 P 作动点均构成对应的特定旋转双曲面。其中两个双曲面相交为一曲线（P 点必在该曲线上），曲线与第三个双曲面相交于两点（其中一点必为 P 点），第四个双曲面必与其中一点相交——该点就是待定的 P（X、Y、Z）。因此要解算 P 点的三维坐标，必须对同一颗卫星要有四个积分间隔时段的观测，得出卫星在四段时间间隔的视向位移。从而获得四个旋转双曲面，它们的公共交点就是待定点 P（X、Y、Z）。

　　2）子午卫星导航系统的不足之处。

　　① 一次定位所需时间过长，无法满足高速用户的需要。

　　② 卫星出现时间间隔过长，无法满足连续导航的需要。

　　③ 子午卫星导航系统的定位精度偏低。

　　（2）全球定位系统（GPS）

　　全球定位系统的全称是：卫星测时测距导航/全球定位系统（Navigation Satellite Timing and Ranging/Global Positioning System）。1973 年 12 月，美国国防部批准陆、海、空三军联合研制第二代的卫星导航系统——全球定位系统（GPS）。该系统是以卫星为基础的无线电导航系统，具有全能性（陆地、海洋、航空、航天）、全球性、全天候、连续性、实时性的导航、定位和定时等多种功能。能为各类静止或高速运动的用户迅速提供精密的瞬间三维空间坐标、速度矢量和精确授时等多种服务。GPS 卫星如图 2-17 所示。

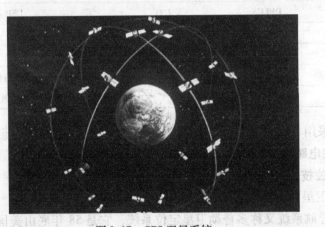

图 2-17　GPS 卫星系统

　　（3）GLONASS

　　全球卫星导航系统（Global Navigation Satellite System，GLONASS）最早开发于苏联时期，后由俄罗斯继续该计划。卫星高度 19100km，卫星运行周期 11.25h（恒星时）。俄罗斯军方自称，定位精度可达 1m。GLONASS 卫星如图 2-18 所示。

　　（4）Galileo 系统

　　Galileo 系统是由欧盟和欧空局（ESA）策划和组织实施，采用公私伙伴关系的商业运作模式共同运营和管理的民用卫星系统。Galileo 卫星如图 2-19 所示，具有如下特点。

图 2-18　GLONASS 卫星

图 2-19　Galileo 卫星

① 目前，Galileo 系统由位于中高轨道的 30 颗卫星组成，分别置于 3 个轨道平面，轨道高度为 23616km，卫星质量为 625kg，在轨寿命 12 年以上。

② 主要用于民用，包括免费使用的信号、加密且需交费使用的信号、加密且需满足更高要求的信号。

③ 能够与美国的 GPS、俄罗斯的 GLONASS 系统实现多系统内的相互兼容。

（5）北斗卫星定位系统

"北斗"是中国自行研制的全球卫星定位系统，英文简称为 BDS。"北斗"是我国的第一代导航定位系统；"北斗"结束了我国无自主导航定位系统以及完全依赖美国 GPS 系统的历史；目前我国正在进行第二代卫星导航定位系统研究设计工作，英文简称为 Compass（即指南针）。

1）系统组成。北斗卫星定位系统包括由 5 颗空间静止轨道卫星和 30 颗非静止轨道卫星组成的空间部分、以地面控制中心为主的地面部分和北斗用户终端三部分。北斗卫星定位系统可向用户提供全天候、24h 的即时定位服务，其三维定位精度约几十米，测速精度为 0.2m/s 授时精度可达数十纳秒（ns）的同步精度。北斗一号导航定位卫星由中国空间技术研究院研究制造。北斗卫星如图 2-20 所示。

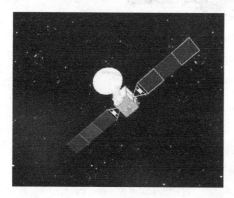

图 2-20　北斗卫星

2）双星定位原理。无源定位导航系统是指用户不发射信号，仅接收卫星发射的信号，由用户完成对信号的处理及定位的系统。GPS、GLONASS、Galileo 系统都属于此类系统，其优点是用户自身的保密性好，且用户数量不受限制；其缺点是用户间、用户与地面系统之间无法进行通信。

有源定位导航系统是指用户将接收的卫星信号发送给地面控制中心，由地面控制中心解算出用户的位置，再以通信方式告知用户的系统。目前美国的 Geostar（吉奥星）系统、欧洲的 Locstar（洛克星）系统、中国北斗系统都属于此类系统，其优点是除了具有导航定位功能外，还具有通信功能。

3）北斗卫星定位系统与 GPS 比较。北斗卫星定位系统与 GPS 的比较如表 2-4 所示。

表 2-4　北斗卫星定位系统与 GPS 的比较

	北斗卫星定位系统	GPS
定位原理	主动式双向测距二维导航	被动式伪码单向测距三维导航
覆盖范围	全球	全球
卫星数量	5 颗地球静止轨道和 30 颗地球非静止轨道卫星组网	6 个轨道平面上设置 24 颗卫星
定位精度	10m	由 16m 提高到了 6m
用户容量	540000 户/h	无限
授时精度	10ns	约 20ns
卫星高度	36000km 相对地球静止	20000km 不停绕地球旋转

2. GPS 技术

（1）构成

GPS 由三部分构成：空间部分、控制部分和用户部分，如图 2-21 所示。

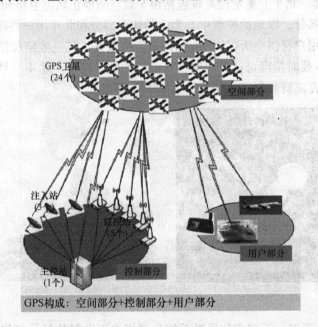

图 2-21　GPS 构成

1) 空间部分。如图 2-22 所示，GPS 空间部分主要由 24 颗 GPS 卫星构成，其中 21 颗工作卫星，3 颗备用卫星。24 颗卫星运行在 6 个轨道平面上，运行周期为 12h。主要作用：发送用于导航定位的卫星信号。

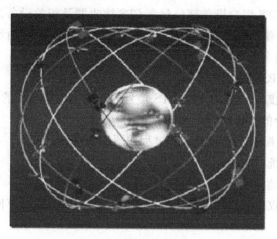

图 2-22　GPS 空间部分构成

2) 控制部分。如图 2-23 所示，GPS 控制部分由 1 个主控站，5 个监控站和 3 个注入站组成。作用是监测和控制卫星运行，编算卫星星历（导航电文），保持系统时间。

主控站：从各个监控站收集卫星数据，计算出卫星的星历和时钟修正参数等，并通过注入站注入卫星；向卫星发布指令，控制卫星，当卫星出现故障时，调度备用卫星。

监控站：接收卫星信号，检测卫星运行状态，收集天气数据，并将这些信息传送给主控站。

注入站：将主控站计算的卫星星历及时钟修正参数等注入卫星。

○ 5 监控站　　　△ 3 注入站　　　▲ 主控站

图 2-23　GPS 控制部分

分布情况如下。

主控站：位于美国科罗拉多州（Calorado）的法尔孔（Falcon）空军基地。

注入站：阿松森群岛（Ascendion），大西洋；迪戈加西亚（Diego Garcia），印度洋；卡瓦加兰（Kwajalein），东太平洋。

监控站：1个与主控站在一起；3个与注入站在一起；1个在夏威夷（Hawaii），西太平洋。

3）用户部分。GPS 用户设备部分包含 GPS 接收器及相关设备。GPS 接收器主要由 GPS 芯片构成。如车载、船载 GPS 导航仪，内置 GPS 功能的移动设备，GPS 测绘设备等都属于 GPS 用户设备。

组成：主要为 GPS 接收器。

作用：接收、跟踪、变换和测量 GPS 信号的设备，GPS 系统的消费者。

（2）GPS 三部分的工作过程

GPS 三部分相互配合工作，其工作过程如图 2-24 所示。

1）地面监控系统发送控制信号给卫星。

2）卫星不间断地发送自身的星历参数和时间信息。

3）GPS 信号接收机接收信号后，经过计算得到三维位置、方向、运动速度和时间信息。

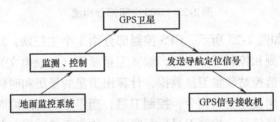

图 2-24　GPS 三部分工作过程

（3）GPS 基本定位原理

卫星不间断地发送自身的星历参数和时间信息，用户接收到这些信息后经过计算求出 GPS 信号接收机的三维位置、方向、运动速度和时间信息。

3. GPS 接收设备

GPS 接收机主要由天线单元、主机单元和电源三部分组成。其中主机单元又可分为接收单元（包括变频器和信号通道）和数据采集单元（包括微处理器、存储器和显示器）。有的接收机把所有部件都组装在一起，形成一个整体，如手持式接收机。有的接收机把天线单元、接收单元、数据采集单元及电源分开。有的则把天线单元与接收单元组合在一起。

GPS 接收机电路结构框图如图 2-25 所示。

（1）GPS 接收机天线

GPS 接收机天线由 GPS 天线和前置放大器两大部分组成。GPS 天线的作用是将 GPS 卫星信号极微弱的电磁波转化为相应的电流，而前置放大器则是将 GPS 信号电流放大。

（2）变换器（变频和中频放大）

本电路是为了使接收机通道得到稳定的高增益，并且使 L 频段的射频信号变成低频信号。

（3）信号通道

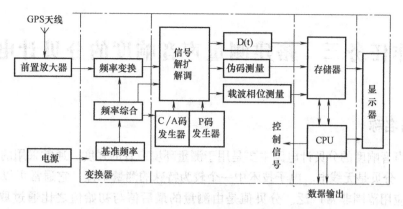

图 2-25　GPS 接收机电路结构框图

信号通道是接收机的核心部分，其作用是搜索、牵引并跟踪卫星，对导航电文数据实行解扩，解调出导航电文，进行伪距测量，载波相位测量及多普勒频移测量。

（4）存储器

存储器主要存储卫星星历、卫星历书、伪距观测值、载波相位观测值及多普勒频移。

（5）微处理器

微处理器是 GPS 接收机的灵魂，是 GPS 接收机的控制部分。其作用是：对接收机自检、测定、搜捕卫星信号，进行有关计算（如测站三维坐标、导航参数等），接收用户输入的信息（如测站点、测站号、观测员姓名、天线高、气象参数等），以及进行数据通信等。

（6）显示器

显示器是显示接收机的有关信息。

（7）电源

GPS 接收机电源有两种：一种为内电源，一般采用锂电池，主要用于 RAM 存储器供电，以防数据丢失；另一种为外接电源，可充直流电，供野外采集用，并对内电源充电。

工作任务三 搭建测量声音响度的分贝计电路

一、任务名称

测量声音响度的分贝计电路主要是用于测量环境声音的强度，通常采用的单位为分贝（dB）。分贝是无线电、电子技术中一个较为特殊的测量单位，它通常可以表示信号的强度，应用范围非常广泛。分贝值是由测量的最后值与初始值之比通过取"对数"得来的。

二、任务描述

1. 搭建声音响度分贝计电路原理图

声音响度分贝计电路原理图如图3-1所示。

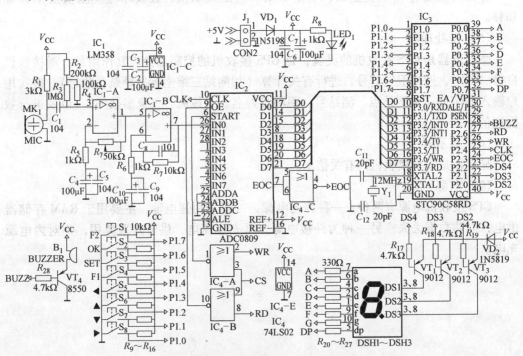

图3-1 声音响度分贝计电路原理图

2. 搭建声音响度分贝计电路模块

根据图3-1所示声音响度分贝计电路原理图可知，该电路由以下模块组成：

EDM315-固定直流稳压电源模块、EDM001-MCS51主机模块、EDM403-8位独立按键模块、EDM605-4位数码管显示模块、EDM113-语音放大模块、EDM504-蜂鸣器模块、EDM206-并行模数转换模块。

3. 声音响度分贝计电路工作原理

（1）声音响度分贝计电路功能

声音响度分贝计电路，可用作测试声音的响度，直接由数码管显示出测试的声音响度，并可以设定测试声音响度的上限值和下限值，在发出声音响度高于上限值或低于下限值时，由蜂鸣器发出警示提示音。

（2）声音响度分贝计电路工作过程

① 声音测试：如图 3-1 所示，传声器 MIC 收集到声音信号，将其转换为电信号，送入运算放大器 IC_1-A 引脚 3，经信号放大，再由带有交流负反馈的运算放大器 IC_1-B 放大，由引脚 7 输出到集成块 IC_2 引脚 26，集成块 ADC0809 具有模数转换的功能，信号经过集成块 IC_2 转换为数字信号后经引脚 17、14、15、8、18 ~ 21 输出 D0 ~ D7 数字信号，该组信号由微处理器 IC_3 引脚 10 ~ 17 输入，在微处理器 IC_3 中既定程序处理后，产生一组数字信号 D0 ~ D7，并由 IC_3 的引脚 21 ~ 23 输出，驱动数码管显示信号 DS2 ~ DS4，再由晶体管 VT_1 ~ VT_3 放大，直接送入数码管 DSH1 ~ DSH3 引脚 3、8，控制数码管 DSH1 ~ DSH3 显示。另外微处理器 IC_3 引脚 39 ~ 32 输出数码管显示的段信号 A ~ DP，使数码管 DSH1 ~ DSH3 按段信号显示数字。这就是测量声音响度的分贝值。

② 警示提示音的范围设置：按"OK"键进入声音响度分贝测量模式。按"SET"键进入设置模式并显示初始报警值。通过按键可进行声音响度报警分贝预设最大值和最小值以及显示器百位、十位、个位的设置。

③ 在声音响度分贝测量模式下，按下"OK"键，退出当前声音响度分贝测量。

三、任务完成

1. 声音响度分贝计电路连接

（1）声音响度分贝计电路实物图

声音响度分贝计电路连接实物图如图 3-2 所示。

图 3-2　声音响度分贝计电路连接实物图

（2）连接说明

声音响度分贝计电路各模块电源插口都连接 5V 电源、GND。

EDM001-MCS51 主机模块 P0 插口接 EDM605-4 位数码管显示模块 A～DP 插口。

EDM001-MCS51 主机模块 P1 插口接 EDM403-8 位独立按键模块 S_1～S_8 插口。

EDM001-MCS51 主机模块 P3 插口接 EDM206-并行模数转换模块 D0～D7 插口。

EDM001-MCS51 主机模块 P2.0～P2.2 插口接 EDM605-4 位数码管显示模块 DS2～DS4 插口。

EDM001-MCS5 主机模块 P2.3～P2.6 插口接 EDM206-并行模数转换模块 EOC～RD 插口。

EDM001-MCS51 主机模块 P2.7 插口接 EDM504-蜂鸣器模块 B_1 插口。

EDM206-并行模数转换模块：CS、A、B、C 插口接地，REF＋插口接＋5V，REF-插口接 GND，IN0 插口接 EDM113-语音放大模块的 VOUT 插口。

2. 声音响度分贝计电路调整与测量

（1）电路调整

1）接通电源，用万用表测量 EDM315-直流电源模块输出电压 ±12V、±5V、+3.3V。EDM605-4 位数码管显示模块中 DS4、DS3、DS2、DS1 显示如图 3-3 所示。表示电路进入声音响度分贝测量待机状态，如图 3-4 所示。

图 3-3　4 位数码管显示的声音响度待测状态

图 3-4　机器进入声音响度分贝测量待机状态

2）在声音响度分贝测量待机状态时按"OK"键开始，机器进入声音响度分贝测量模式，数码管显示的数字是当前测量声音响度的分贝值，如图 3-5 所示。

图 3-6 为进入当前测量声音响度分贝

图 3-5　当前测量声音响度的分贝值

值时的机器状态。

3）按下"SET"键后，进入声音响度报警值设置模式，此时数码管显示的数字是初始报警值（80），这是机器本身已经设定的初始报警值，如图3-7所示。

① 在设置模式下，按"◀"键进入声音响度报警分贝预设最大值、最小值显示。按"▲"键显示声音响度报警分贝预设最大值，显示的最大值为"130"dB，如图3-8所示。

图3-6　进入当前测量声音响度分贝值时的机器状态

图3-7　机器设定的初始报警值

图3-8　声音响度报警预设最大值

按"▼"键显示声音响度报警分贝预设最小值，显示的最小值为"020"dB，如图3-9所示。

最大值、最小值显示完成后，按"◀"键退出声音响度报警分贝预设最大值、最小值显示。退出声音响度报警分贝预设最大值、最小值显示后，机器继续显示当前测量声音响度的分贝值。

② 在设置模式下，按"▶"键进入声音响度百位十位设置模式，数码管 DS4、DS3 都闪烁，此时按下"▲"键，数码管 DS3 显示的报警值加1，按下"▼"键，数码管 DS3 显示的报警值减1，数码管 DS4 的显示没有改变，百位十位一起设置（当加至最大值或减至最小值时将不再改变），百位十位设置完成后，按"▶"键退出百位十位设置，并保存设置的报警值。如百位十位设置成"07"。

在设置模式下，按下"F1"键，进入声音响度个位设置模式。数码管 DS2 低位闪烁，此时按下"▲"键，数码管 DS2 显示的报警值加1，按下"▼"键，数码管 DS2 显示的报警值减1（当加至9或减至0时将不再改变，当报警值已经为最大值，即使个位为0也不往上加）。再次按下"F1"键，可退出个位设置模式，并保存设置的报警值，如个位设置成"8"。则最后设置的声音响度报警分贝值显示为："078"，如图3-10所示。

图3-9　声音响度报警预设最小值

图3-10　最后设置的声音响度报警值

设置完成后，再按"SET"键退出设置模式，机器继续显示当前测量声音响度的分贝值。

③ 在声音响度分贝测试模式下，按下"OK"键，退出当前声音响度分贝测量。

④ 声音响度超出预设值。声音响度分贝测试电路在工作过程中，由传声器接收周围环境声音，数码管显示在不断的变化。如果，环境声音的分贝数大于已经设定的"78"dB，达到"85"dB，即超过设置的预设值，则蜂鸣器将会发出提示声音，进行报警，如图 3-11 所示。

图 3-11　声音响度超过预设值机器报警

（2）电路测量

根据已经搭建好的声音响度分贝计电路，将 EDM113-语音放大模块 OUT 拔出，将直流电压加到 EDM206-并行模数转换模块 IN0 输入端，调节输入电压大小，观察数码管显示的声音响度，并把测量结果记录在表 3-1 中。

表 3-1　声音响度与输入信号的关系

声音响度/dB	23	40	50	60	70	80	90	92
信号大小/V	1.79	1.89	2.09	2.3	2.8	3.5	4.59	5.0

3. 声音响度分贝计电路检测

由于电路是由模块搭建而成的，因此可以根据电路测试的结果来判断出现故障是哪个模块电路。可以用排除法来进行检测。

（1）案例：EDM208-并行数模转换模块故障

故障现象：不能测量声音的响度，即不管声音的响度多大，EDM605-4 位数码管显示模块只显示声音响度为待测状态。

故障检测过程：EDM605-4 位数码管显示模块能显示声音响度为待测状态，说明 EDM605-4 位数码管显示模块完好、EDM001-MCS51 主机模块完好、EDM315-固定直流稳压电源模块完好。因为 EDM403-8 位独立按键模块与测量状态无关，所以 EDM403-8 位独立按键模块也应该完好。EDM504-蜂鸣器模块不会影响声音响度的测量，所以故障不在 EDM504-蜂鸣器模块。

用良好的 EDM113-语音放大模块置换，故障依旧，所以故障也不是出在 EDM113-语音放大模块。

故障部位确定：在确定以上 6 个模块电路正常后，则故障应该是落在 EDM206-并行模数转换模块上。

故障排除：用良好的 EDM206-并行模数转换模块进行置换，所搭建的电路能够测量声音的响度，所有功能完全恢复正常。

（2）搭建声音响度分贝计电路可能出现的故障现象、原因及解决方法见表 3-2

表 3-2　搭建声音响度分贝计电路可能出现的故障现象、原因及解决方法

故障现象	原　　因	解决方法
不能测量声音的响度	微处理器 IC_3 损坏	置换 EDM001-MCS51 主机模块
	晶体谐振器 Y_1 损坏	
	集成块 IC_1 损坏	置换 EDM113-语音放大模块
	MK_1 损坏	
	集成块 IC_4 损坏	置换 EDM206-并行模数转换模块
	集成块 IC_2 损坏	
无法调整声音响度分贝计	微动按钮 $S_1 \sim S_8$ 损坏	置换 EDM403-8 位独立按键模块
有电压输出,数码管没有显示	DSH1 ~ DSH3 数码管损坏	置换 EDM605-4 位数码管显示模块
	二极管 VD_2 损坏	
	晶体管 $VT_1 \sim VT_3$ 损坏	

4. 绘制搭建声音响度分贝计电路原理框图

根据图 3-1 所示的电路原理图，绘制声音响度分贝计电路原理框图，如图 3-12 所示。

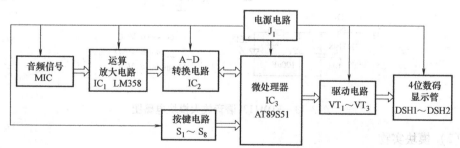

图 3-12　声音响度分贝计电路原理框图

四、知识链接

（一）相关单元模块知识

1. EDM315-固定直流稳压电源模块

该模块详见工作任务二的介绍。

2. EDM001-MCS51 主机模块

EDM001 属于单片机电路模块之一。详细介绍见《电子产品模块电路及应用》第一册第 51 页。

3. EDM403-8 位独立按键模块

EDM403-8 位独立按键模块属于信号处理电路模块之一,详细介绍见《电子产品模块电路及应用》第一册第 56 页。

4. EDM605-4 位数码管显示模块

EDM605 属于显示电路模块之一。详细介绍见《电子产品模块电路及应用》第一册第 35 页。

5. EDM113-语音放大模块

EDM113 是传感器电路模块之一。

(1) 模块电路

EDM113-语音放大模块电路如图 3-13 所示。

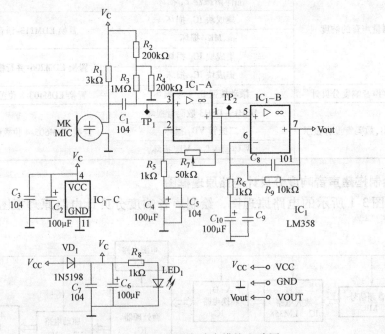

图 3-13　EDM113-语音放大模块电路图

(2) 模块实物

EDM113-语音放大模块实物如图 3-14 所示。

(3) 功能描述

EDM113-语音放大模块端口说明:

VCC:接电源正极。

GND:接电源负极(地)。

VOUT:信号输出端。

EDM113-语音放大模块采用 5 ~ 12V 外部电源供电,主要由放大以及滤波电路组

成。信号输入端 C_1 电容对输入信号滤波去除音频信号
中的低频成分。通过 LM358 两级同向放大，得到理
想的语音信号。LM358 是一个双路低耗运算放大器，
内部含有两路独立的运放，具有低功耗、共模输入电
压范围大等特点。电位器 R_7 用于调节放大倍数。
VOUT 输出放大后的语音信号。

图 3-14　EDM113-语音放大
模块实物图

6. EDM504-蜂鸣器模块

EDM504 属于执行器件模块之一。详细介绍见
《电子产品模块电路及应用》第一册第 81 页。

7. EDM206-并行模数转换模块

EDM206 是信号采样处理电路模块之一。

（1）模块电路

EDM206-并行模数转换模块电路如图 3-15 所示。

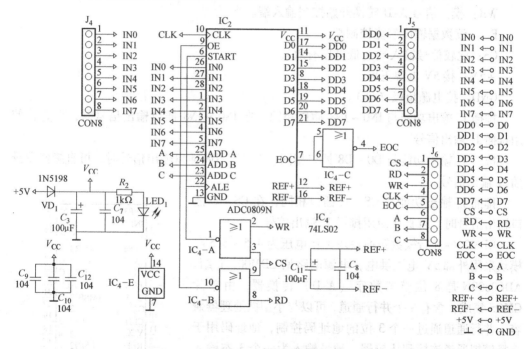

图 3-15　EDM206-并行模数转换模块电路图

（2）模块实物

EDM206-并行模数转换模块实物如图 3-16 所示。

（3）功能描述

EDM206-并行模数转换模块接线端口说明：

IN0 ~ IN7：模拟信号输入。

D0 ~ D7：数字信号输出。

REF +：上电压参考端。

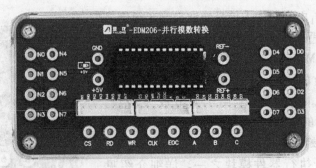

图 3-16　EDM206-并行模数转换模块实物图

REF－：下电压参考端。

A、B、C：通道地址输入端。

EOC：数据转换结束端。

CLK：时钟脉冲信号。

WR：模拟信号 A-D 转换开始控制输入端。

RD：读数据输出使能控制端。

CS：比较信号输入端（低电压有效）。

＋5V：接 5V 电源正极。

GND：接电源负极（地）。

排插 J₄ 输出功能与 IN0～IN8 插口相同，在 IN0～IN8 插口输出信号时，可直接使用排插 J₄ 输出信号。

排插 J₅ 输出功能与 D0～D8 插口相同，在 D0～D8 插口输出信号时，可直接使用排插 J₅ 输出信号。

排插 J₆ 输出功能与 CS～C 插口相同，在 CS～C 插口输出信号时，可直接使用排插 J₆ 输出信号。

EDM206-并行模数转换模块工作电压为 4.5～5.5V，模块采用外部 5V 电源供电，电源电路见 EDM001 介绍。ADC0809N 是 8 位模拟数字（A-D）转换器，由单片 CMOS 集成，含有 8 个并行通道，可以与小型微处理器兼容。并行通道通过一个 3 位的地址码控制，地址码用于选择模拟通道连接到比较器。地址输入为一个 3 态输入接口，方便通道地址解码。芯片转换速度快，可达 100μs，低功耗，无失码，5V 供电，输入端含有分频器，扩大了芯片的应用范围。如图 3-17 所示，其引脚功能介绍如表 3-3 所示。

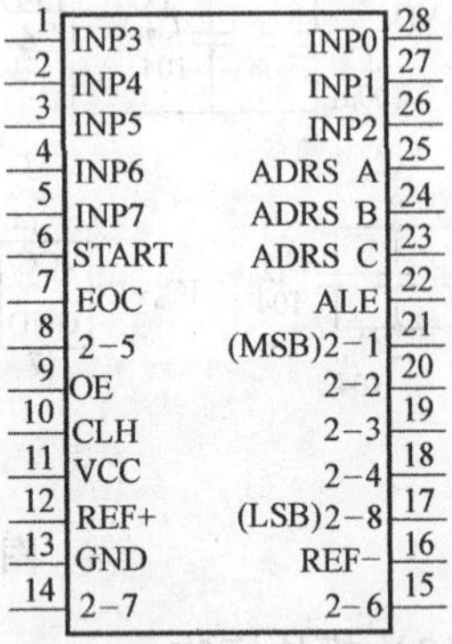

```
 1  INP3       INP0    28
 2  INP4       INP1    27
 3  INP5       INP2    26
 4  INP6       ADRS A  25
 5  INP7       ADRS B  24
 6  START      ADRS C  23
 7  EOC        ALE     22
 8  2-5     (MSB)2-1   21
 9  OE         2-2     20
10  CLH        2-3     19
11  VCC        2-4     18
12  REF+    (LSB)2-8   17
13  GND        REF-    16
14  2-7        2-6     15
```

图 3-17　ADC0809N 引脚排列

表 3-3　ADC0809N 引脚功能介绍

引　　脚	端　　口	功　　能
28、27、26、1、2、3、4、5	0、1、2、3、4、5、6、7	模拟信号输入端
25、24、23	A、B、C	通道地址输入端

（续）

引　　脚	端　　口	功　　能
22	ALE	使能控制端
6	START	模拟信号 A-D 转换开始输入端
7	EOC	数据转换结束端
21、20、19、18 8、15、14、17	2-1、2-2、2-3、2-4、2-5、2-6、2-7、2-8	数字信号输出端
9	OE	数据输出使能端
10	CLK	时钟脉冲信号
11、13	VCC、GND	电源输入端
12	REF +	上电压参考端
16	REF -	下电压参考端

ADC0809N 各控制端口为高电平有效，单片机 EDM001 主机的片选控制端口为低电平有效，所以 ADC0809N 控制端口与单片机控制端口之间要高低电平反向。

（二）相关电路知识

1. 差动放大电路

（1）电路组成特点及元件作用

1）差动放大电路如图 3-18 所示。电路由两个完全对称单管共射放大电路结合而成，即 $R_1 = R_2$、$R_{c1} = R_{c2}$、$R_{b1} = R_{b2}$、$R_{s1} = R_{s2}$，差动管 VT_1 和 VT_2 的特性与参数一致。

2）电路有二个输入端（输入信号分别加到两差动管的基极）二个输出端（输出信号取自两差动管的集电极）。输出电压 ΔU_o 等于两差动管输出电压之差，即 $\Delta U_o = \Delta U_{o1} - \Delta U_{o2}$。

3）调零电位器 RP——为了弥补电路不对称造成的失调，在差动放大电路中引入调零电路，以电路形式上的不平衡来抵消元件参数的不对称。

4）公共射极电阻 R_e——可以稳定静态工作点及抑制零漂。

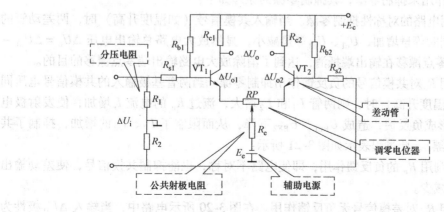

图 3-18　差动放大电路

5）辅助电源 E_e——射极电阻 R_e 越大，抑制零漂效果越好，但 R_e 过大，会使其直流压降过大，造成静态电流值下降，差动管输出动态范围减小。为保证放大电路的正常工作，电路中接入了辅助电源 E_e。

（2）电路输入方式

差动放大电路输入信号分为共模信号和差模信号两种。

① 共模信号——两个大小相等、极性相同的输入信号称为共模输入信号，即

$$\Delta U_{i1} = \Delta U_{i2}$$

在差动放大电路中，无论是温度的变化，还是电源电压的波动，都会引起两差动管集电极电流、集电极电位发生相同的变化，其效果相当于在两输入端加入大小相等，极性相同的共模信号，如图 3-19 所示。

② 差模信号——两个大小相等、极性相反的输入信号称为差模输入信号，即

$$\Delta U_{i1} = -\Delta U_{i2}$$

输入信号电压 ΔU_i 经分压电阻 R 分压为两个大小相等、极性相反的信号，即 $\Delta U_{i1} = \frac{1}{2}\Delta U_i$、$\Delta U_{i2} = -\frac{1}{2}\Delta U_i$ 后，加到 VT_1 管和 VT_2 管的基极，如图 3-20 所示。

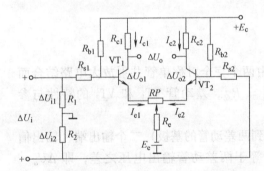

图 3-19　当电路施加共模信号时电流方向

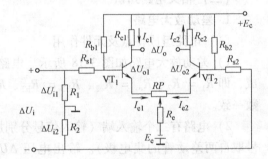

图 3-20　当电路施加差模信号时电流方向

（3）抑制零漂的原理

图 3-20 所示电路不仅可以利用电路的对称性抑制零漂，而且还能利用 R_e 对共模信号的负反馈作用来抑制零漂，其抑制零漂的原理如下：

1）利用电路的对称性抑制零漂。当输入共模信号（如温度升高）时，两差动管的 U_{BE}、I_c 将同时等量增加，U_{c1}、U_{c2} 等量减小，显然放大电路总输出电压 $\Delta U_o = \Delta U_{c1} - \Delta U_{c2} = 0$，零点漂移在输出端抵消，达到了消除放大电路输出端零点漂移的目的。

2）利用 R_e 对共模信号的负反馈作用抑制零漂。当两管基极输入的共模信号电压同时为正（如温度升高）时，则两管 I_{c1} 和 I_{c2} 增大，流过 R_e 的电流 I_e 增加，使发射极电位 U_E 上升形成负反馈，造成 U_{BE1}、U_{BE2} 下降，从而限制了 I_{c1}、I_{c2} 的增加，抑制了共模信号（零漂），此过程表示如图 3-21 所示：

可见，利用 R_e 的负反馈作用，即使电路不对称，也能抑制共模信号，使差动输出电压的零漂减少。

3）电阻 R_e 对差模信号无负反馈作用。在图 3-20 所示电路中，当输入 ΔU_{i1} 极性为正、ΔU_{i2} 极性为负的差模信号时，I_{c1} 增加，I_{c2} 等量减小，由于通过公共发射极电阻 R_e

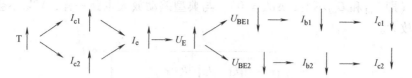

图 3-21　R_e 的负反馈作用过程

上电流的变化量互相抵消（$\Delta I_e = 0$），使流过 R_e 电流 $I_e = I_{e1} + I_{e2}$ 保持不变，R_e 上的差模信号电压降不变，两管发射极电位不变，表明 R_e 对差模信号无负反馈作用。

（4）差动放大电路的电压放大倍数

1）共模信号电压放大倍数 A_{UC}。由抑制零漂的原理可知，共模放大倍数通常很小。

2）差模信号电压放大倍数 A_{UD}。差动放大电路以差模信号输入方式工作时，因为 $|\Delta U_{i1}| = |-\Delta U_{i2}|$，根据电路的对称性，$|\Delta U_{o1}| = |-\Delta U_{o2}|$。此时，放大电路总输出信号 $\Delta U_o = \Delta U_{o1} - \Delta U_{o2} = \Delta U_{o1} - (-\Delta U_{o1}) = 2\Delta U_{o1}$，则整个差动放大电路的差模电压放大倍数 A_{UD} 为

$$A_{UD} = \frac{\Delta U_o}{\Delta U_i} = \frac{2\Delta U_{o1}}{2\Delta U_{i1}} = \frac{\Delta U_{o1}}{\Delta U_{i1}} = A_{U1}$$

即

$$A_{UD} = A_{U1} = A_{U2}$$

上式表示采用双端输出方式的差动放大电路，其差模电压放大倍数与电路中每个单管放大电路的电压放大倍数相同。

若调零电阻 RP 的动臂在中间位置，空载时差模电压放大倍数可写为

$$A_{UD} = \frac{\Delta U_o}{\Delta U_i} = -\frac{\beta R_c}{R_{b1} + r_{be} + \dfrac{1}{2}\beta RP}$$

差动放大电路是利用电路的对称性和负反馈电阻 R_e 进行抑制零漂的，只有在输入差模信号时，电路才进行放大，输出端才能输出放大的信号，"差动"名称由此而来。

（5）共模抑制比（K_{CMR}）

为了全面衡量差动放大电路放大差模信号、抑制共模信号的能力，引入一个新的量——共模抑制比，用 K_{CMR} 表示，其定义式为

$$K_{CMR} = \left| \frac{A_{UD}}{A_{UC}} \right|$$

共模抑制比愈大，差动放大电路放大差模信号（有用信号）的能力越强，抑制共模信号（无用信号）的能力也越强。

（6）具有恒流源的差动放大电路

在图 3-20 所示电路中，公共射极电阻 R_e 越大，抑制零漂效果越好，但辅助电源 E_e 也越高。为了使 R_e 大时，E_e 能低些，可用晶体管代替 R_e，如图 3-22 所示，这种电路称为晶体管恒流源差动放大电路。图中 R_1 和 R_2 起分压作用，固定管 VT$_3$ 的基极电位 U_{B3}。当温度升高使 I_{c3} 和 I_{e3} 增加时，R_3 两端的电压也要增加，即 U_{E3} 电位增高，但 U_{B3} 是固定值，所以 U_{BE3} 就要下降，I_{b3} 也随之减小，因此，抑制了 I_{c3} 的上升，保持了 I_{c3} 不变，这就是晶体管的恒流源作用。I_{c3} 不变，则 I_{c1}、I_{c2} 也不能增加，从而有效地抑

制了零漂（即 U_{o1} 和 U_{o2} 不变，$\Delta U_o = 0$）。与典型差动放大电路一样，VT_3 不会影响差模信号的放大。

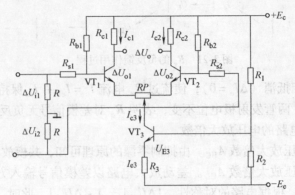

图 3-22　具有恒流源的差动放大电器

（7）差动放大电路的几种输入、输出方式

差动放大电路有两个对地输入端和两个对地输出端。在信号的输入和输出上，可接成四种方式。

1）双端输入双端输出。双端输入双端输出差动放大电路，如图 3-22 所示。

2）双端输入单端输出。双端输入单端输出差动放大电路如图 3-23 所示。从图中可以看出，此电路输出端已不具备对称性，只能用 R_e 或恒流源输出电阻抑制共模信号。

输出电压取自于一个差动管的集电极，故差模输出电压 U_{o1} 和差模放大倍数均为双端输出时的一半。

3）单端输入双端输出。图 3-24 所示为单端输入双端输出差动放大电路。

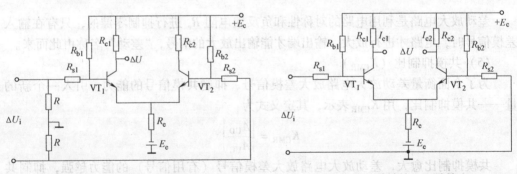

图 3-23　双端输入单端输出　　　　　图 3-24　单端输入双端输出

这种接法从表面看来，似乎两放大管不是工作在差动状态。但是，若将发射极公共电阻 R_e 换成恒流源，那么，I_{c1} 的任何增加都将等于 I_{c2} 的减少，也就是说，输出端电压的变化情况与双端输入时一样，相当于电路工作在双端输入，双端输出状态。此接法最适用于拖动两端不接地的正负电压对称的悬浮负载或是将对地为单端输入的信号转换成双端输出，便于与后一级双端输入电路配合。例如，电子示波器就是将单端信号放大后，双端输出送到示波管的偏转板上的。

4）单端输入、单端输出。图 3-25 所示为单端输入单端输出差动放大电路。

这种电路虽然并不对称，但由于对共模信号有强烈的负反馈，所以与单管放大电路相比，仍具有较强的零漂抑制能力。电路的另一优点是通过对 VT_1 或 VT_2 输出端的不同选用，可得到与输入信号同相或反相的输出信号。

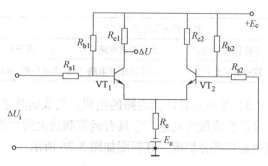

图 3-25　单端输入单端输出

差动放大电路的差模放大倍数、输出电阻取决于输出端的接法，双端输出时的放大倍数与单管放大电路相同，单端输出时的放大倍数为双端输出时的一半。

2. 集成运算放大电路

（1）集成电路概述

随着电子技术的高速发展，继电子管、晶体管两代电子产品之后，于 20 世纪 60 年代，人们研制出第三代电子产品——集成电路，使电子技术的发展出现了新的飞跃。集成电路是将电子元件和导线集中制作在很小一块硅材料基片上（约 $0.5mm^2$），制作出所需要的二极管、晶体管、电阻和电容元件，并按一定顺序连接起来，构成完整的功能电路，即集成电路。由于集成电路中各元件的连接线路短，元件密度大，外部引线及焊点少，大大提高了电路工作的可靠性，使电子设备不仅体积缩小，重量减轻，而且便于组装并简化调试工作，大幅度降低了产品成本，使其得到广泛的应用。

1）集成电路特点。电阻占用硅片面积比晶体管大许多，并且阻值越大，占用硅片面积就越大。为此，常常选用一个晶体管构成恒流源电路代替大电阻来使用，也可以通过引脚外接大电阻。

集成电路内电路中的二极管通常是选用一个晶体管，利用晶体管的 PN 结作为二极管。

集成电路硅芯片上制造一只晶体管极其容易，而且所占的面积也不大。但是在硅芯片制造大电容、电感十分不方便也不经济，所以集成电路内各级电路之间全部采用直接耦合形式，如需要大电容、电感线圈时，需通过引脚外接。

2）集成电路分类。集成电路的种类很多，了解这方面的知识有利于分析集成电路工作原理。集成电路分类方法见表 3-4。

表 3-4　集成电路分类方法

划分方法及种类		说　明
按集成度划分	小规模集成电路	元件数目在 100 只以下，用字母 SSI 表示
	中规模集成电路	元件数目在 100～1000 之间，用字母 MSI 表示
	大规模集成电路	元件数目在 1000 至数万之间，用字母 LSI 表示
	超大规模集成电路	元件数目在 100000 以上，用字母 ULSI 表示
按处理信号划分	模拟集成电路	用于放大或变换连续变化的电流和电压信号。它又分为线性集成电路和非线性集成电路两种

（续）

划分方法及种类		说　明
按处理信号划分	数字集成电路	用于放大或处理数字信号
按制造工艺划分	半导体集成电路、薄膜集成电路、厚膜集成电路等	

3）集成运算放大电路的组成。集成运放是一种具有高放大倍数并带有深度电压负反馈的直流放大电路，它具有运算和放大的功能，电路由输入级、输出级、中间级和偏置电路四部分组成，其框图如图 3-26 所示。

图 3-26　集成运放组成框图

输入级：由具有恒流源的差动放大电路组成，具有较高的共模抑制比。

中间级：由多级放大电路组成，具有较高的增益。

偏置电路：为集成运放各级放大电路建立合适而稳定的静态工作点并提供恒流源。

输出级：一般由射极跟随器或互补对称电路构成，要求输出足够大的电压和电流，且输出电阻小，带负载能力强。

4）集成运算放大电路符号。集成运放图形符号如图 3-27 所示。

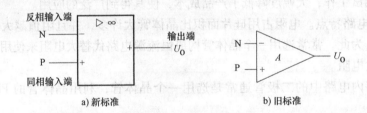

a) 新标准　　　　　　　　　b) 旧标准

图 3-27　集成运放的图形符号

图形中标有"－"号的 N 端为反相输入端，表示输出信号和输入信号相位相反，即当同相端接地，反相端输入一个正信号时，输出端输出信号为负；图形中标有"＋"的 P 端为同相输入端，表示输入信号和输出信号相位相同，即当反相端接地，同相端加一个正信号时，输出端输出信号也为正。应当指出"＋"，"－"只是接线端名称，与所接信号电压的极性无关。也就是说，N 端或 P 端既可以输入负信号，也可以输入正信号。

5）集成运放的理想特性及特点。理想特性：开环差模电压放大倍数 $A_U \rightarrow \infty$，开环差模输入电阻 $r_i \rightarrow \infty$，开环差模输出电阻 $r_o \rightarrow 0$，共模抑制比 $K_{CMR} \rightarrow \infty$，开环带宽 f_{bw} 为 $0 \rightarrow \infty$。

6）集成运放的两个特点。

① 两输入端电位相等，即 $U_P = U_N$。

放大电路的电压放大倍数为

$$A_U = \frac{U_O}{U_{PN}} = \frac{U_O}{U_P - U_N}$$

在线性区集成运放的输出电压 U_O 为有限值，根据运放的理想特性 $A_U \to \infty$，有 $U_P = U_N$，即集成运放同相输入端和反相输入端电位相等，相当于短路，此现象称为虚假短路，简称"虚短"，如图 3-28 所示。

② 净输入电流等于零，即 $I'_{i+} = I'_{i-} \approx 0$。

在图 3-29 所示中，运算放大电路的净输入电流 I'_i 为

$$I'_i = \frac{U_P - U_N}{r_i}$$

根据运放的理想特性 $r_i \to \infty$，有 $I'_{i+} = I'_{i-} \approx 0$，即集成运放两个输入端的净输入电流约为零，好像电路断开一样，但又不是实际断路，此现象称为虚假短路，简称"虚断"，如图 3-29 所示。

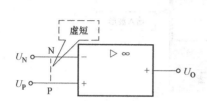

图 3-28　集成运放的虚假短路

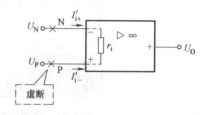

图 3-29　集成运放的虚假断路

（2）集成运放的基本电路

1）反相比例运算放大电路。

① 电路组成。图 3-30 所示为反相比例运算放大电路，输入信号经 R_1（将输入电压 U_i 转换成电流信号 I_i）加入反相输入端，R_f 为反馈电阻，把输出信号电压 U_O 反馈到反相端，构成深度电压并联负反馈，平衡电阻 R_2 阻值必须满足 $R_2 = R_1 /\!/ R_f$。根据"虚短"（$U_P = U_N$），且 P 点接地，则 $U_P = U_N = 0$，N 点电位与地相等，故 N 点称为"虚地"，如图 3-31 所示。

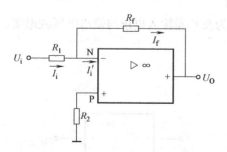

图 3-30　反相比例运算放大电路

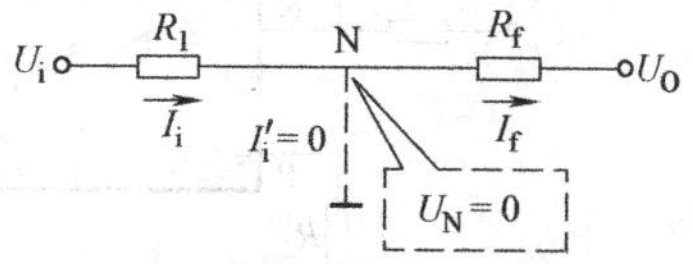

图 3-31　"虚地"示意图

② 输出电压与输入电压之间的关系。

在信号输入支路上有

$$I_1 = \frac{U_i - U_N}{R_1}$$

在反馈支路上有

$$I_f = \frac{U_N - U_O}{R_f} = -\frac{U_O}{R_f}$$

根据"虚断"（$I_i' \approx 0$），有 $I_1 = I_f$，整理后，可得输出电压与输入电压之间的关系为

$$U_O = -\frac{R_f}{R_1} U_i$$

上式表明，电路的输出电压与输入电压成正比例且相位相反。图 3-32 为反相比例运算放大电路输出与输入信号波形图。

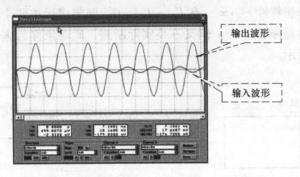

图 3-32　反相比例运算放大电路输出与输入波形

③ 电路的闭环电压放大倍数为：

$$A_{Uf} = \frac{U_O}{U_i} = -\frac{R_f}{R_1}$$

上式表示，反相比例运算放大电路的闭环电压放大倍数主要取决于外接反馈电阻 R_f 和输入电阻 R_1，因此选用精密优质的 R_f 和 R_1，可保证 A_{Uf} 的精确和稳定。

2）反相器（$U_O = -U_i$）。

反相器（变号运算）可由比例系数为 $\left(-\dfrac{R_f}{R_1}\right)$ 的反相比例运算放大电路构成，如图 3-33 所示，图 3-34 为反相器图形符号，图 3-35 为反相器输入电压与输出电压波形图。

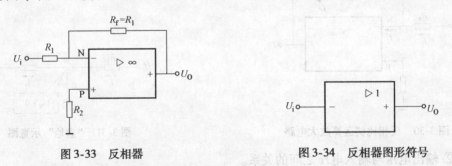

图 3-33　反相器　　　　　　　　　　　　图 3-34　反相器图形符号

3）同相比例运算放大电路。

① 电路组成。同相比例集成运算放大电路如图 3-36 所示。电路输入信号 U_i 通过 R_2 接入同相输入端，反馈电压从输出端取出，并通过反馈电阻 R_f 与 R_1 加到反相输入

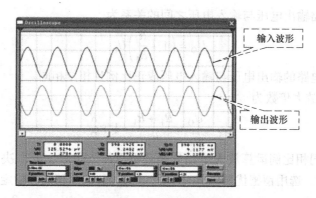

图 3-35　反相器输入电压波形与输出电压波形

端，形成电压串联负反馈。

② 输出电压与输入电压之间的关系。

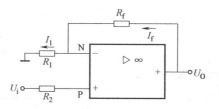

图 3-36　同相比例运算放大电路

图 3-37 为同相比例运算放大电路输出与输入信号波形图。

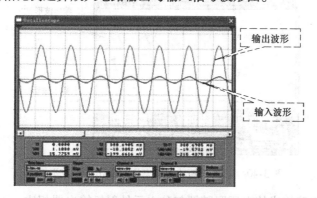

图 3-37　同相比例运算放大电路输出与输入信号波形

同相比例运算放大电路输出与输入信号电压之间的关系为

根据"虚断"特点（$I'_{i+} = I'_{i-} \approx 0$），

有 $I_f = I_1$，$\dfrac{U_N}{R_1} = \dfrac{U_O - U_N}{R_f}$

电阻 R_2 上无电压降，得 $U_P = U_i$。

根据"虚短"特点（$U_N = U_P$），$U_i = U_N \neq 0$，电路不存在"虚地"，但由于 N、P 两点间电压近似为零，电路有"虚假短路"现象。

整理后，电路输出电压与输入电压之间的关系为

$$U_O = \left(1 + \frac{R_f}{R_1}\right)U_i$$

上式表明，电路的输出电压与输入电压成正比例且相位相同。

③ 闭环电压放大倍数为

$$A_{Uf} = \frac{U_O}{U_i} = \frac{R_1 + R_f}{R_1} = 1 + \frac{R_f}{R_1}$$

上式表明，同相比例运算放大电路的闭环电压放大倍数主要取决于外接反馈电阻 R_f 和输入电阻 R_1，选用精密优质的 R_f 和 R_1，可保证 A_{Uf} 的精确和稳定。

4）电压跟随器（$U_O = U_i$）。电压跟随器可由比例系数为 $\left(1 + \frac{R_f}{R_1}\right)$ 的同相比例运算放大电路构成，如图 3-38、图 3-39 所示。图 3-40 为电压跟随器输入电压与输出电压波形图。

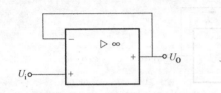

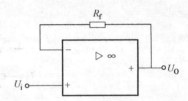

图 3-38　R_f 短路、R_1 开路的电压跟随器　　图 3-39　R_1 开路时的电压跟随器

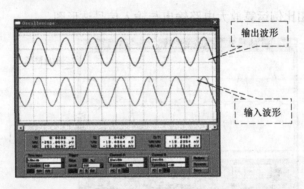

图 3-40　电压跟随器输入电压与输出电压波形图

由集成运放电路构成的电压跟随器与分立元件射极输出器相比，不但具有高输入阻抗和低输出阻抗的特点，而且性能优良。

5）反相输入加法运算。反相输入加法运算电路如图 3-41 所示。反相输入端有多个输入信号，各输入电压 U_{i1} 和 U_{i2} 分别通过外接电阻 R_1 和 R_2 转换成电流信号 I_{i1} 和 I_{i2} 后，I_{i1} 和 I_{i2} 汇合为 I_i，加到反相输入端。同相输入端接地，反馈电阻 R_f 接于输出端与反相输入端之间。平衡电阻 R 的阻值必须满足 $R = R_1 // R_2 // R_f$。

根据理想特性有 $I'_{i+} = 0$，得

$$I_i = I_{i1} + I_{i2} = \frac{U_{i1} - U_N}{R_1} + \frac{U_{i2} - U_N}{R_2}$$

集成运放的反相输入端为虚地，有

$$U_0 = -I_f R_f = -R_f\left(\frac{U_{i1}}{R_1} + \frac{U_{i2}}{R_2}\right)$$

如果取 $R_1 = R_2 = R_f$，则

$$U_0 = -(U_{i1} + U_{i2})$$

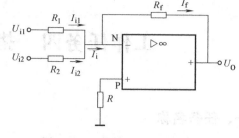

上式表明，电路图 3-41 的输出电压为各
输入信号电压之和，实现了加法运算。

6）减法运算电路（差动输入运算放大　　图 3-41　反相输入加法运算电路
电路）。图 3-42 所示为减法运算电路（减法
器），电路同相输入端和反相输入端均有输入信号。当外电路电阻满足 $R_3 = R_f$，$R_1 = R_2$
时，电路输出电压与输入电压之间的关系为

$$U_0 = \frac{R_f}{R_1}(U_{i2} - U_{i1})$$

上式表明，输出电压正比于两个输入电压之差，从而实现减法运算。

7）对数运算电路。典型的基于 PN 结的对数运算放大电路，如图 3-43 所示。

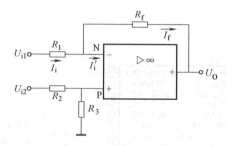

图 3-42　减法运算电路

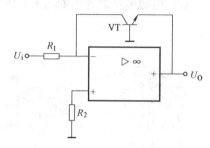

图 3-43　对数运算电路

工作任务四　搭建数控电源电路

一、任务名称

数控电源电路是用 PWM 来控制电源输出直流电压大小的电路，是能使输出的直流电压保持稳定、精确的直流电压源。数控电源电路选用单片机 89C51 控制，与传统的稳压电源相比，具有电路简单、响应迅速、稳定性好、效率高、制作方便的特点。该数控电源电路最大输出电压可达 10V，最大输出电流为 3A。

二、任务描述

1. 搭建数控电源电路原理图

数控电源电路原理图如图 4-1 所示。

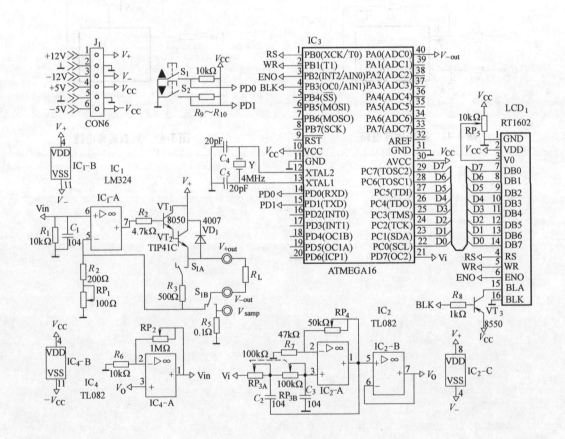

图 4-1　数控电源电路原理图

2. 搭建数控电源电路模块

根据图 4-1 所示的数控电源电路原理图可知，该电路由以下模块组成：

EDM002-AVR 主机模块、EDM608-1602 字符液晶模块、EDM403-8 位独立按键模块、EDM211-低通滤波器模块、EDM210-V/I 转换模块和 EDM223-比例放大模块、EDM315-直流电源。

3. 数控电源电路工作原理

（1）数控电源电路功能

该数控电源电路能够提供 0 ~ 10V 的可调直流电压，同时保持提供的直流电压稳定、精确，电路提供的最大输出电流为 3A。电路还设有过电压和过电流保护。

（2）数控电源电路工作过程

电路按图 4-1 所示电路原理图连接好以后，正确接入电源。由于微处理器 IC_3 已经写入了数控电源的相关程序，从 IC_3 的引脚 21 输出 PWM 信号，该信号再由低通滤波器（有源二阶低通滤波器，包括电位器 RP_3、电容器 C_2 和 C_3、IC_2-A 和 IC_2-B 等）的电位器 RP_3 输入，经过滤波后信号通过 IC_2 的引脚 7 输出，经运算放大器 IC_4 引脚 3 输入，放大后由 IC_4 引脚 1 输出，再由 V/I 转换电路的集成 IC_1 引脚 6 输入，引脚 7 输出，最后由复合管 VT_1 和 VT_2 组成射极输出器，由 V_{+out}、V_{-out} 两端口输出。微处理器 IC_3 引脚 22 ~ 29、引脚 1 ~ 4 输出液晶显示信号，由液晶显示器 LCD_1 引脚 4 ~ 14 和晶体管 VT_3 基极输入，控制液晶显示器 LCD_1 显示数控电源的输出电压和电流数据。

如果需要改变数控电源的输出电压，可按下微动按钮 S_1 或 S_2，把控制输出电压增加或减小的信号送入微处理器 IC_3 引脚 14、15，微处理器 IC_3 根据已经写入的程序，改变液晶显示器 LCD_1 显示的输出电压和电流的数据，微处理器 IC_3 也改变引脚 21 输出的 PWM 信号的脉冲宽度，从而改变了由 V_{+out}、V_{-out} 两端口输出的电压。

三、任务完成

1. 数控电源电路连接

（1）数控电源电路连接实物图

数控电源电路的连接实物图如图 4-2 所示。

（2）连接说明

正确连接电源：EDM211-低通滤波器模块、EDM210-V/I 转换模块电源 V + 插口连接 EDM315-直流电源 + 12V，V-插口连接 EDM315-直流电源 – 12V；EDM002-AVR 主机模块、EDM608-1602 字符液晶模块、EDM403-8 位独立按键模块、EDM223-比例放大模块电源插口连接 EDM315-直流电源 5V，共地。

图 4-2 数控电源电路连接实物图

EDM002-AVR 主机模块 PC0 ~ PC7 插口接 EDM608-1602 字符液晶模块 DB7 ~ DB0 插口。

EDM002-AVR 主机模块 PB0 ~ PB3 插口接 EDM608-1602 字符液晶模块 RS ~ BLK 插口。

EDM002-AVR 主机模块 PD0 插口接 EDM403-8 位独立按键模块 UP "▲" 插口。

EDM002-AVR 主机模块 PD1 插口接 EDM403-8 位独立按键模块 DOWN "▼" 插口。

EDM002-AVR 主机模块 PD7 插口接 EDM211-低通滤波器模块 Vi 插口。

EDM211-低通滤波器模块 Vo 插口接 EDM223-比例放大模块同相 IN1 插口。

EDM223-比例放大模块 OUT1 插口接 EDM210-V/I 转换模块 VIN 插口。

EDM002-AVR 主机模块 PA0 插口接 EDM210-V/I 转换模块输出 "–" 插口。

2. 数控电源电路调整与测量

（1）电路调整

1）按要求将电路连接好，打开电源给电路进行 ±12V、+5V 的供电，用万用表对各供电模块进行测量，确保电源正常。同时，观察 EDM608-1602 字符液晶模块显示屏，应显示 "U = 0.50V、I = 3.418A"，如图 4-3 所示。

显示的数字表示机器输出电压为 0.5V，最大输出电流为 3.418A。此时输出电压可以通过 EDM403-8 位独立按键模块中按键 UP "▲"、DOWN "▼" 进行大小的设置，但电流不能设置。

图 4-3 正常供电开机后液晶显示屏

2）在电路正常的情况下，可以对电路进行调试。将 EDM210-V/I 转换模块中按钮处于 "电压输出" 状态，用万用表测量数控电源电路的输出（EDM210-V/I 转换模块中 "+" "–"），观察 EDM608-1602 字符液晶模块的显示与万用表是否一致。如果显示不一致，可以分别调节 EDM210-V/I 转换模块中 "输出调节" 电位器（图 4-1 电路图中电位器 RP_1）、EDM211-低通滤波器模块中 "放大倍数" 电位器（图 4-1 电路图中电位器 RP_2），使得数控电源电路的输出电压与万用表显示一致，此过程根据不同的输出电压要反复微调，最后达到整个输出范围内实际输出与显示保持基本一致。

（2）电路测量

1）EDM210-V/I 转换模块输出不同的电压时，测量 EDM002-AVR 主机模块 PD7 信号及 EDM211-低通滤波器模块的输出信号。

① 输出电压为 1V 时，测量 EDM002-AVR 主机模块 PD7 信号及 EDM211-低通滤波器模块的输出信号。

按 EDM403-8 位独立按键模块中的按键 UP "▲"，使 EDM608-1602 字符液晶模块显示屏显示电压为 1V，如图 4-4 所示。

数字万用表测量 EDM210-V/I 转换模块（图 4-1 电路中的 V_{+out} 和 V_{-out} 两端），数

字万用表屏幕显示如图 4-5 所示。

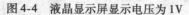

图 4-4　液晶显示屏显示电压为 1V　　　　　图 4-5　数字万用表屏幕显示

　　液晶显示屏显示的 1V 电压与万用表屏幕显示的 0.999V 电压基本相等，误差只在 1%，电路调整完成。

　　用示波器测量 EDM002-AVR 主机模块 PD7 信号波形，如图 4-6 所示。

　　用示波器测量 EDM211-低通滤波器模块 Vo 的输出信号，如图 4-7 所示。

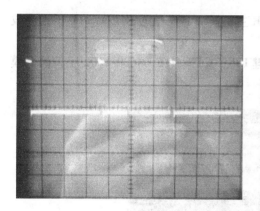
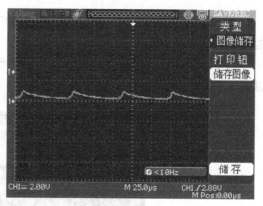

图 4-6　输出电压为 1V 时 EDM002-AVR　　　　图 4-7　输出电压为 1V 时 EDM211-
　　　　　主机模块 PD7 信号波形　　　　　　　　　　低通滤波器模块 Vo 的输出信号

　　② 输出电压为 2V 时，测量 EDM002-AVR 主机模块 PD7 信号及 EDM211-低通滤波器模块的输出信号。

　　按下 EDM403-8 位独立按键模块中得按键 UP "▲"，使 EDM608-1602 字符液晶模块显示屏显示电压为 2V，如图 4-8 所示。

　　用示波器测量 EDM002-AVR 主机模块 PD7 信号波形，如图 4-9 所示。

图 4-8　液晶显示屏显示电压为 2V

用示波器测量 EDM211-低通滤波器模块 Vo 的输出信号，如图 4-10 所示。

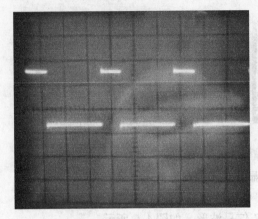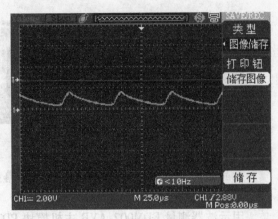

图 4-9   输出电压为 2V 时 EDM002-AVR   图 4-10   输出电压为 2V 时 EDM211-低通滤
主机模块 PD7 信号波形   波器模块 Vo 的输出信号

③ 输出电压为 5V 时，测量 EDM002-AVR 主机模块 PD7 信号及 EDM211-低通滤波器模块的输出信号。

按下 EDM403-8 位独立按键模块中得按键 UP "▲"，使 EDM608-1602 字符液晶模块显示屏显示电压为 5V，如图 4-11 所示。

图 4-11   液晶显示屏显示电压为 5V

用示波器测量 EDM002-AVR 主机模块 PD7 信号波形，如图 4-12 所示。

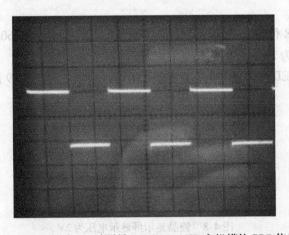

图 4-12   输出电压为 5V 时测量 EDM002-AVR 主机模块 PD7 信号波形

用示波器测量 EDM211-低通滤波器模块 Vo 的输出信号，如图 4-13 所示。

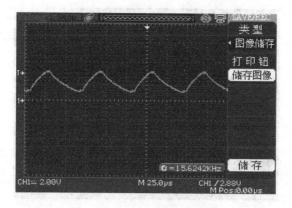

图 4-13　输出电压为 5V 时 EDM211-低通滤波器模块 Vo 的输出信号

④ 输出电压为 9.9V 时，测量 EDM002-AVR 主机模块 PD7 信号及 EDM211-低通滤波器模块的输出信号。

按 EDM403-8 位独立按键模块中按键 UP "▲"，使 EDM608-1602 字符液晶模块显示屏显示电压为 9.9V，如图 4-14 所示。

图 4-14　液晶显示屏显示电压为 9.9V

用示波器测量 EDM002-AVR 主机模块 PD7 信号波形，如图 4-15 所示。

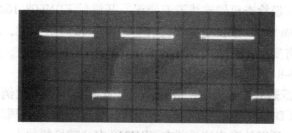

图 4-15　输出电压为 9.9V 时测量 EDM002-AVR
主机模块 PD7 信号波形

用示波器测量 EDM211-低通滤波器模块 Vo 的输出信号，如图 4-16 所示。

2）输出不同电压时，EDM002-AVR 主机模块 PD7 信号和 EDM211-低通滤波器模块 Vo 的输出信号规律。

因为 EDM002-AVR 主机模块 PD7 信号是 PWM 信号，从图 4-6、图 4-9、图 4-12、

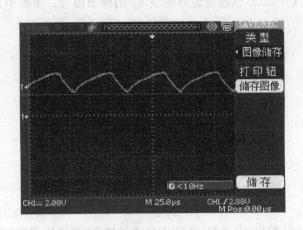

图 4-16　输出电压为 9.9V 时 EDM211-低
通滤波器模块 Vo 的输出信号

图 4-15 可以看出，在输出不同的电压时，EDM002-AVR 主机模块 PD7 的 PWM 信号的幅度和频率相同，但它的脉冲宽度不同，输出电压越高，PWM 信号的脉冲宽度越宽。

EDM211-低通滤波器模块 Vo 的输出信号是 PWM 信号经过 EDM211-低通滤波器模块滤波后的信号，从图 4-7、图 4-10、图 4-13、图 4-16 可以看出，输出电压越高，波形上升的时间越长，波形的平均直流成份也越高（PWM 信号的脉冲宽度越宽）。

3. 数控电源电路检测

（1）案例：EDM210-V/I 转换模块故障

由于数控电源电路是由模块搭建而成的，因此可以根据电路检测的结果来判断出现故障的模块电路。可以用排除法来进行检测。

故障现象：把各模块按电路要求连接，加电。测试 EDM211-低通滤波器模块 " + " " – " 输出端口没有输出。

故障检测过程：经检查机器连线没有错误，开机后 EDM608-1602 字符液晶模块有电压显示。调整 EDM403-8 位独立按键模块上 " ▲ " 和 " ▼ " 键，EDM608-1602 字符液晶模块显示电压有变化。因此可以判定 EDM002-AVR 主机模块、EDM608-1602 字符液晶模块、EDM403-8 位独立按键模块是正常的。

置换 EDM211-低通滤波器模块，故障依旧。置换 EDM223-比例放大模块，故障仍存在，所以原来的 EDM211-低通滤波器模块和 EDM223-比例放大模块没有故障。

故障部位确定：所以故障应该是落在 EDM210-V/I 转换模块上。

故障排除：用良好的 EDM210-V/I 转换模块进置换，量度输出端口已经有输出电压且正常，所搭建的电路完全恢复了所有功能。

（2）搭建数控电源电路调整与测量可能出现的故障现象、原因及解决方法见表 4-1。

4. 绘制数控电源电路原理框图

根据图 4-1 所示的电路原理图，绘制数控电源电路原理框图，如图 4-17 所示。

表 4-1 搭建数控电源电路调整与测量可能出现的故障现象、原因及解决方法

故障现象	原因	解决方法
输出电压误差比较大	没有调整好电位器 RP$_1$	重新调整电位器 RP$_1$
	没有调整好电位器 RP$_2$	重新调整电位器 RP$_2$
	没有调整好电位器 RP$_3$	重新调整电位器 RP$_3$
无法测量 PWM 信号	晶体谐振器 Y$_1$ 损坏	置换晶体谐振器 Y$_1$
	微处理器 IC$_3$ 损坏	置换微处理器 IC$_3$
	微处理器 IC$_3$ 引脚 10 没有加电	重新给微处理器 IC$_3$ 引脚 10 加电
输出端没有电压输出	微处理器 IC$_3$ 损坏	置换 EDM002-AVR 主机模块
	晶体谐振器 Y$_1$ 损坏	
	集成块 IC$_1$ 损坏	置换 EDM210-V/I 转换模块
	晶体管 VT$_1$ 或 VT$_2$ 损坏	
	集成块 IC$_4$ 损坏	置换 EDM223-比例放大模块
	集成块 IC$_2$ 损坏	置换 EDM211-低通滤波器模块
无法调整输出电压	微动按钮 S$_1$ 或 S$_2$ 损坏	置换 EDM403-8 位独立按键模块
	微处理器 IC$_3$ 损坏	置换 EDM002-AVR 主机模块
	电路上电电压过低	检查上电电压
有电压输出,液晶显示器没有显示	LCD$_1$ 液晶显示器没有上电	检查并加电 LCD$_1$ 液晶显示器
	LCD$_1$ 液晶显示器损坏	置换 EDM608-1602 字符液晶模块
	电位器 RP$_3$ 损坏	
	晶体管 VT$_3$ 损坏	
	电阻 R_8 变大	

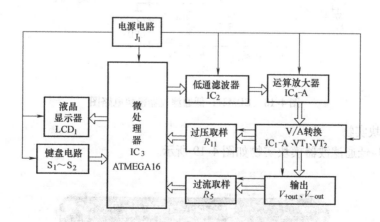

图 4-17 数控电源电路原理框图

四、知识链接

(一) 相关单元模块知识

1. EDM002-AVR 主机模块

EDM002 属于单片机电路模块之一。详细介绍见《电子产品模块电路及应用》第一

册第 75 页。

2. EDM608-1602 字符液晶模块

该模块详见工作任务一的介绍。

3. EDM403-8 位独立按键模块

EDM403 属于信号处理电路模块之一，详细介绍见《电子产品模块电路及应用》第一册第 56 页。

4. EDM211-低通滤波器模块

EDM211 属于信号采样处理电路模块之一。

（1）模块电路

EDM211-低通滤波器模块电路如图 4-18 所示。

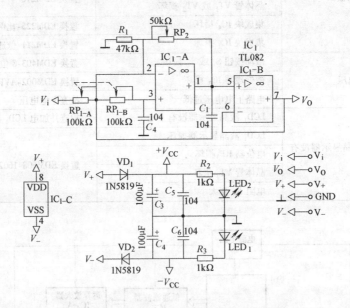

图 4-18　EDM211-低通滤波器模块电路图

（2）模块实物

EDM211-低通滤波器模块实物如图 4-19 所示。

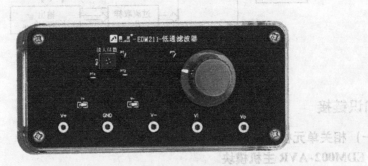

图 4-19　EDM211-低通滤波器模块实物图

（3）模块功能

EDM211-低通滤波器模块接线端口说明如下。

V_i：信号输入端。

V_o：低频信号输出。

V_+：电源正极。

V_-：电源负极。

GND：电源输出公共端（地）。

模块工作电压为 $\pm 3 \sim \pm 18V$，采用外部双电源供电。TL082 是通用的 J-FET 双运算放大器，其特点有：较低输入偏置电压和偏移电流；输出有短路保护，输入级具有较高的输入阻抗，内设频率补偿电路，具有较高的放大率。最大工作电压为 18V。

低通滤波器是用来通过低频信号，衰减或抑制高频信号。其模块电路构成了一个二阶有源低通滤波电路。它由两级 RC 滤波环节与同相比例运算电路组成，其中第一级电容器 C_1 接至输出端，引入适量的负反馈，反馈信号使电压放大倍数减小，使得二阶有源低通滤波器的高频段迅速衰减，只允许低频段信号通过。滤波器的截止频率 $f = \dfrac{1}{2}\dfrac{1}{\pi\sqrt{C_1 RP_{1\text{-}A}}}$。改变电位器 $RP_{1\text{-}A}$、$RP_{1\text{-}B}$ 可以调节滤波器的截止频率。

5. EDM210-V/I 转换模块

EDM210 属于信号采样处理电路模块之一。

（1）模块电路

EDM210-V/I 转换模块电路如图 4-20 所示。

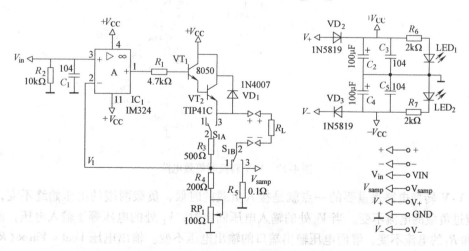

图 4-20　EDM210-V/I 转换模块电路图

（2）模块实物

EDM210-V/I 转换模块实物如图 4-21 所示。

（3）模块功能

EDM210-V/I 转换模块接线端口说明如下。

+、-：电压输出端口。

图 4-21　EDM210-V/I 转换模块实物图

VIN：控制信号输入端口。

Vsamp：电流保护端口。

V +：电源正极。

V -：电源负极。

GND：电源输出公共端（地）。

模块工作电压为 ±1.5 ~ ±15V，采用外部电源供电。

1）V-V 转换。当 S_{1B} 端口 2、3 接通时，其等效电路如图 4-22 所示。

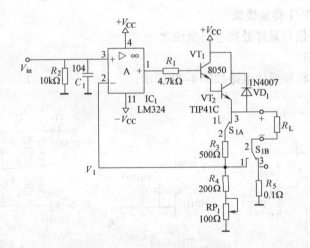

图 4-22　V-V 转换时等效电路

V-V 转换电路最重要的一点就是接入负载的时候，负载两端的电压始终不变，故而流过负载的电流不变。当 V_{in} 处的输入电压固定时，V_1 处的电压等于输入电压，流过 R_4 和 R_1 的电流不变，继而电压输出端口的输出电压不变。输出电压 $Vout = Vin \times (R_3 + R_4 + RP1)/(R_4 + RP1)$，其中，图 4-22 中 R_5 是采样电路，可用于测量输出电流。晶体管 VT_1、VT_2 组成复合管，作为发射极跟踪器，起到降低 VT_1 基极电流的作用（即忽略反馈电流）。

2）V-I 转换。当 S_{1B} 端口 1、2 接通时，其等效电路如图 4-23 所示。

当 V_{in} 处的输入电压固定时，V_1 处的电压等于输入电压，流过 R_4 和 RP1 的电流不变输出电压也不变。输出接负载时输出电流 $I_{out} = V_{in}/(R_4 + RP1)$。

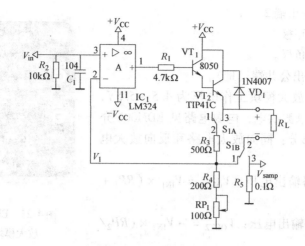

图 4-23 V-I 转换时等效电路

6. EDM223-比例放大模块。

EDM223 属于信号采样处理电路模块之一。

（1）模块电路

EDM223-比例放大模块电路如图 4-24 所示。

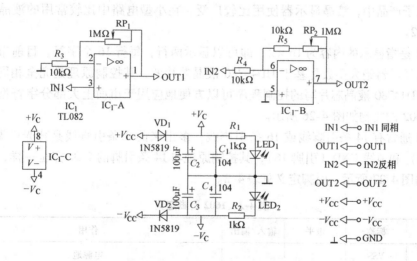

图 4-24 EDM223-比例放大模块电路图

（2）模块实物

EDM223-比例放大模块实物如图 4-25 所示。

（3）模块功能

EDM223-比例放大模块接线端口说明如下。

同相 IN1：同相输入端 1。

OUT1：同相输出端 1。

反相 IN2：反相输入端 2。

OUT2：反相输出端 2。

+VCC：电源正极。

-VCC：电源负极。

GND：电源输出公共端（地）。

EDM223-比例放大模块工作电压为 4.5 ~ 5.5V，模块采用外部 5V 电源供电，电源电路见 EDM001 介绍。电路包括两部分：同向放大电路和反向放大电路。

同向放大电路输出电压：$V_{OUT1} = V_{IN1} \times (RP_1 + R_3)/R_3$

反向放大电路输出电压：$V_{OUT2} = -V_{IN2} \times (RP_2/R_4)$

图 4-25　EDM223-比例
放大模块实物图

7. EDM315-直流电源

EDM315-固定直流稳压电源模块属于接口及其他接口之一，该模块见工作任务二中的介绍。

（二）相关电路知识

1. 器件知识-液晶显示器

在电子产品中，液晶显示器使用比较广泛。在小型电路中比较常用的液晶显示器有 RT1602。

1602 是指显示的内容为 16 × 2，即可以显示两行，每行 16 个字符。目前市面上字符型液晶显示器绝大多数是基于 HD44780 液晶芯片的，其控制原理是完全相同的，因此基于 HD44780 液晶芯片写的控制程序可以方便地应用于市面上大部分字符型液晶显示器。1602 的实物如图 4-26 所示。

1602 通常有 14 条引脚线或 16 条引脚线，多出来的 2 条引脚线是背光电源线 V_{CC}（引脚 15）和地线 GND（引脚 16），其控制原理与 14 条引脚的 LCD 完全一样，它的电气符号如图 4-27 所示，引脚定义见表 4-2。

表 4-2　1602 引脚定义

引脚号	标称	电平	输入/输出	作用
1	VSS			电源地
2	VCC			电源(+5V)
3	VEE			对比度调整电压
4	RS	0/1	输入	0 = 输入指令,1 = 输入数据
5	R/W	0/1	输入	0 = 向 LCD 写入指令或数据,1 = 从 LCD 读取信息
6	EN	1,1→0	输入	使能信号,1 时读取信息,1→0(下降沿)执行指令
7	DB0	0/1	输入/输出	数据总线 line0(最低位)
8	DB1	0/1	输入/输出	数据总线 line1

续表

引脚号	标称	电平	输入/输出	作用
9	DB2	0/1	输入/输出	数据总线 line2
10	DB3	0/1	输入/输出	数据总线 line3
11	DB4	0/1	输入/输出	数据总线 line4
12	DB5	0/1	输入/输出	数据总线 line5
13	DB6	0/1	输入/输出	数据总线 line6
14	DB7	0/1	输入/输出	数据总线 line7（最高位）
15	BLA	$+V_{CC}$		LED 背光电源正极
16	BLK	接地		LED 背光电源负极

a）1602 液晶显示器的正面

b）1602 液晶显示器的背面

图 4-26　1602 的实物图

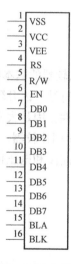

图 4-27　1602 电气符号

2. 电路知识

（1）比较器

比较器是指将一个模拟电压信号与一个基准电压信号相比较的电路。比较器的两路输入为模拟信号，输出则为二进制信号，当输入电压的差值增大或减小时，其输出保持恒定。因此，也可以将其当作一个 1 位模-数转换器（ADC）。运算放大器在不加负反馈的情况下从原理上讲可以用作比较器，但由于运算放大器的开环增益非常高，因此它只能处理输入差分电压非常小的信号。而且，一般情况下，运算放大器的延迟时间较长，无法满足实际需求。比较器经过调节可以提供极小的时间延迟，但其频率响应特性会受到一定限制。为避免输出振荡，许多比较器还带有内部滞回电路。比较器的阈值是固定的，有的只有一个阈值，有的具有两个阈值。

1）固定幅度比较器。

① 过零电压比较器和电压幅度比较器。过零电压比较器是典型幅度比较电路，它的电路图和电压传输特性如图 4-28 所示。

将过零电压比较器的一个输入端从接地改接到一个固定电压值 u_{REF} 上，就得到电压比较器，它的电路图和电压传输特性如图 4-29 所示。调节 u_{REF} 可方便地改变阈值。

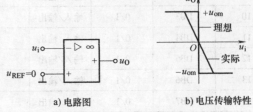

a) 电路图   b) 电压传输特性

图 4-28　过零电压比较器

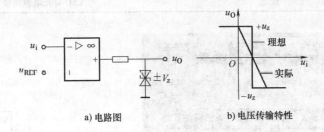

a) 电路图   b) 电压传输特性

图 4-29　电压比较器

② 比较器的基本特点。比较器工作在开环或正反馈状态。

开关特性：因开环增益很大，比较器的输出只有高电平和低电平两个稳定状态。

非线性：因是大幅度工作，比较器的输出和输入不成线性关系。

2）滞回比较器。滞回比较器是指从输出引一个电阻分压支路到同相输入端的电路，其电路图和电压传输特性如图 4-30 所示。

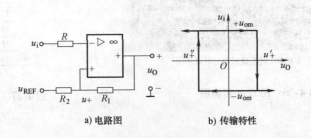

a) 电路图   b) 传输特性

图 4-30　滞回比较器

3）窗口比较器。窗口比较器的电路图如图 4-31a 所示。电路由两个幅度比较器、二极管与电阻构成。

窗口比较器的电压传输特性如图 4-31b 所示。该比较器有两个阈值，传输特性曲线呈窗口状，故称为窗口比较器。

4）比较器的应用。比较器主要是用来对输入波形进行变换，可以将正弦波或任意不规则的输入波形变换为方波输出，其原理如图 4-32 所示。

（2）滤波器

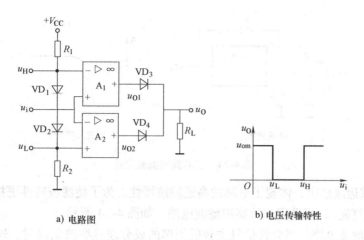

a) 电路图　　　　　　　　b) 电压传输特性

图 4-31　窗口比较器

1）定义。凡是可以使信号中特定的频率成分通过，而极大地衰减或抑制其他频率成分的装置或系统都称之为滤波器。

2）分类。按频率特性（幅频特性与相频特性）分：低通滤波器、高通滤波器、带通滤波器和带阻滤波器。

按物理原理分：机械式、电气式。

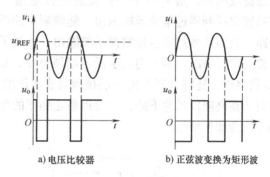

a) 电压比较器　　　b) 正弦波变换为矩形波

图 4-32　用比较器实现波形变换

按处理信号形式分：模拟式滤波器、数字式滤波器。

3）滤波器的作用。

① 将有用的信号与噪声分离，提高信号的抗干扰性及信噪比。

② 滤掉不需要的频率成分，提高分析精度。

③ 从复杂频率成分中分离出单一的频率分量。

4）高通滤波电路。当允许信号中较高频率的成分通过滤波电路时，这种电路叫作高通滤波电路。图 4-33 为一阶高通滤波电路，当频率趋向于 0 时，电容相当于开路，信号不能通过集成运放输出，随着频率的不断升高，电容的容抗越来越小，信号越来越

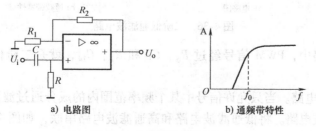

a) 电路图　　　　　　　　b) 通频带特性

图 4-33　一阶高通滤波电路

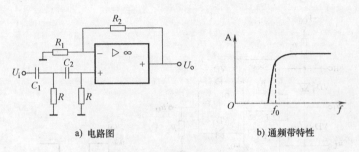

a) 电路图   b) 通频带特性

图 4-34   二阶高通滤波电路

容易通过集成运放输出，体现了电路的高通滤波特性。为了使滤波特性更接近理想情况（上升沿斜线更徒），可采用二阶高通滤波电路，如图 4-34 所示。

5）低通滤波电路。当允许信号中较低频率的成分通过滤波电路时，这种电路叫作低通滤波电路。图 4-35 为一阶低通滤波电路，当频率趋向于 0 时，电容相当于开路，信号能够顺利通过集成运放输出，随着频率的不断升高，电容的容抗越来越小，相当于短路，高频信号被电容短路而不能输出，体现了电路的低通滤波特性。为了使滤波特性更接近理想情况，可采用二阶低通滤波电路，如图 4-36 所示。这种电路除了增加一节 RC 网络外，还将电容 C 的一端接到集成运放的输出端，即引入反馈，目的是为了使输出电压在高频段迅速下降，在接近截止频率的范围内输出电压又不致下降太多，从而有利于改善滤波特性。

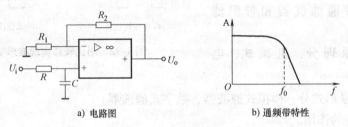

a) 电路图   b) 通频带特性

图 4-35   一阶低通滤波电路

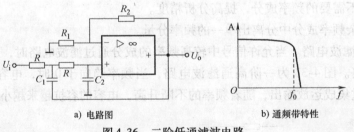

a) 电路图   b) 通频带特性

图 4-36   二阶低通滤波电路

数控电源电路中，PWM 信号经过 R_6、C_{13} 和 R_7、C_{14}，就是二阶低通滤波器的滤波节。

6）带通滤波电路。当只允许信号中某个频率范围内的成分通过滤波电路时，这种电路叫作带通滤波电路。将低通滤波电路和高通滤波电路串联，如图 4-37 所示，就可得到带通滤波器。设前者的截止频率为 f_{01}，后者的截止频率为 f_{02}，f_{01} 应大于 f_{02}，则通

频带 f_{bw} 为：

$$f_{bw} = f_{01} - f_{02}$$

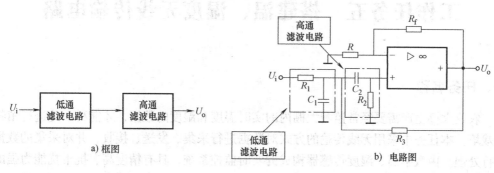

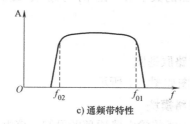

图 4-37 带通滤波电路

7）带阻滤波电路。带阻滤波电路与带通滤波电路相反，当不允许信号中某个频率范围内的成分通过滤波电路时，这种电路叫作带阻滤波电路。如陷波器就是用来消除通频带中的某个频点。带阻滤波电路同样有低能滤波电路和高能滤波电路（或者在电路中设置某频段吸收电路）之分，设前者的截止频率为 f_{01}，后者的截止频率为 f_{02}，f_{01} 应小于 f_{02}，在 f_{01} 和 f_{02} 之间的频段，信号是不能通过的（所谓不能通过，其实也可以是将其衰减）。图 4-38 为带阻滤波电路通频带特性。

8）数字滤波器。数字滤波器是指由数字乘法器、加法器和延时单元组成的一种算法或装置。数字滤波器的功能是对输入离散信号的数字代码进行运算处理，以达到改变信号频谱的目的。数字滤波器有低通、高通、带通、带阻和全通等类型。它可以是时变或时不变、因果或非因果、线性或非线性。

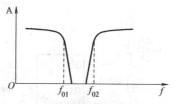

图 4-38 带阻滤波电路通频带特性

工作任务五 搭建温、湿度无线传输电路

一、任务名称

农业大棚生产需要经常监测大棚内的实时温度和湿度的数据，才能科学地进行植物的栽培。本任务中采用无线传输的方式对数据进行采集、发送、接收，并对采集的数据进行处理。由数字温、湿度传感器构成的实时监控系统，具有精度高、抗干扰能力强的特点，并且温、湿度无线传输电路的数字信号由单片机量化-编码处理，具有实效性。

二、任务描述

1. 搭建温、湿度无线传输电路原理图

温、湿度无线传输电路原理图如图 5-1 所示。

2. 搭建温、湿度无线传输电路模块

根据图 5-1 所示的温、湿度无线传输电路原理图可知，该电路由以下模块组成：

2 块 EDM001-MCS51 主机模块、EDM606-12864 点阵液晶模块、2 块 EDM705-nRF24L01 模块、EDM103-温度传感器 18B20 模块和 EDM116-湿度传感器模块。

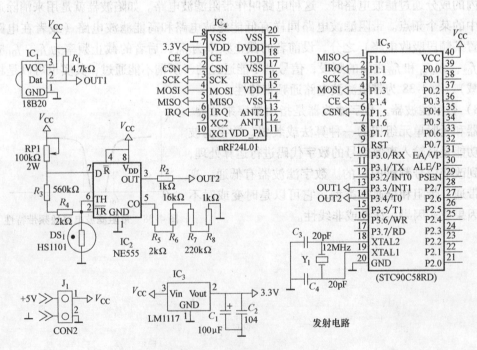

a) 温、湿度信号无线发射电路图

图 5-1 温、湿度无线传输电路原理图

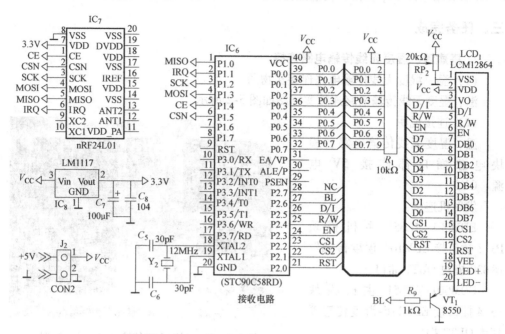

b) 温、湿度信号无线接收电路图

图 5-1　温、湿度无线传输电路原理图（续）

3. 温、湿度无线传输电路功能

（1）温、湿度无线传输电路功能作用

将温度传感器 IC_1 和湿度传感器 DS_1 采集到的数据送到微处理器进行处理，经过处理的信号再送到发射机，发射机把采集的温、湿度数据通过无线传输给接收机，接收机的 nRF24L01 模块收到数据后再送往另一块微处理器处理，通过点阵液晶模块把采集到的温度和湿度数据显示出来。

（2）温、湿度无线传输电路工作过程

电路按图 5-1 所示的电路原理图连接好以后，正确接入电源，由温度传感器 IC_1 检到的温度信号（数字信号）直接送往微处理器 IC_5 引脚 13；湿度传感器 DS_1 根据湿度的变化改变其电容值，从而改变由 IC_2 等元件组成的振荡电路的频率，使湿度直接变为湿度数字信号，该信号送往微处理器 IC_5 引脚 14。由于微处理器 IC_5 已经写入相关的程序，微处理器 IC_5 把这两个信号处理后从引脚 1 ~ 6 输出，送入集成块 IC_4 引脚 1 ~ 6，IC_4 根据送入的信号，对温、湿度数字信号进行编码与调制，最后由 IC_4 天线端口把信号发射出去。

根据图 5-1b 所示电路原理图，正确接入电源，集成块 IC_7 天线端口可以接收由 IC_4 发射的信号，然后在集成块 IC_7 内部进行解码和解调，解调后的信号由 IC_7 引脚 1 ~ 6 送出到微处理器 IC_6 引脚 1 ~ 6，微处理器 IC_6 也写入了相关的程序，这样可以根据送入的信号，从微处理器 IC_6 引脚 21 ~ 28、32 ~ 39 送出相关信号到液晶显示器 LCD_1 引脚

3~17以及晶体管 VT_1 基极，使液晶显示器 LCD_1 显示出遥测到的温度和湿度。

三、任务完成

1. 搭建温、湿度无线传输电路连接

（1）温、湿度无线传输电路连接实物图

温、湿度无线传输电路连接实物图如图 5-2 所示。

（2）连接说明

温、湿度无线传输电路各模块电源插口都连接 5V 电源、GND。

发射机连接：

EDM001-MCS51 主机模块 P3.3 插口接 EDM103-温度传感器 18B20 模块 OUT1 插口。

EDM001-MCS51 主机模块 P3.4 插口接 EDM116-湿度传感器模块 OUT2 插口。

EDM001-MCS51 主机模块

图 5-2　温、湿度无线传输电路连接实物图

P1.0~P1.5 插口接 EDM705-nRF24L01 模块 MISO~CSN 插口。

接收机连接：

EDM001-MCS51 主机模块 P1.0~P1.5 插口接 EDM705-nRF24L01 模块 MISO~CSN 插口。

EDM001-MCS51 主机模块 P0.0~P0.7 插口接 EDM606-12864 点阵液晶模块 DB0~DB7 插口。

EDM001-MCS51 主机模块 P2.0~P2.7 插口接 EDM606-12864 点阵液晶模块 RST~BL 插口。

2. 温、湿度无线传输电路测量

（1）测量 EDM116-湿度传感器模块 OUT 端口的信号

1）在湿度为 20% 时，测量 EDM116-湿度传感器模块 OUT 端口的信号如图 5-3 所示。

2）在湿度为 50% 时，测量 EDM116-湿度传感器模块 OUT 端口的信号如图 5-4 所示。

3）在湿度为 100% 时，测量 EDM116-湿度传感器模块 OUT 端口的信号如图 5-5 所示。

4）从图 5-3、图 5-4 和图 5-5 所示的测量结果可以看出，在不同的湿度时 EDM116-湿度传感器模块 OUT 端口输出信号的规律是：电路输出的信号是矩形波，不同的湿度，矩形波的幅度相同；湿度小，输出信号的频率高；湿度高，输出信号的频率小。

（2）测量 EDM103-温度传感器 18B20 模块 OUT 端口的信号

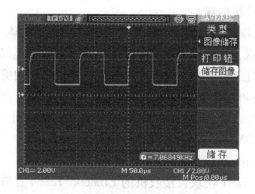

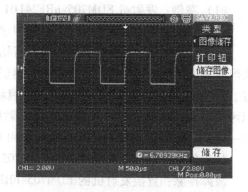

图 5-3　湿度为 20% 时湿度传感器　　　　　　图 5-4　湿度为 50% 时湿度传感器
　　　模块 OUT 端口的信号　　　　　　　　　　　　模块 OUT 端口的信号

　　1）在温度为 18℃ 时，测量 EDM103-温度传感器 18B20 模块 OUT 端口的信号，如图 5-6 所示。

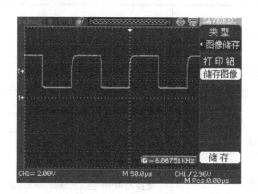

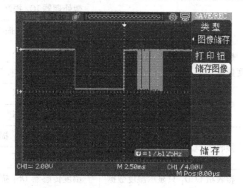

图 5-5　湿度为 100% 时湿度传感器　　　　　图 5-6　温度为 18℃ 时 18B20
　　　模块 OUT 端口的信号　　　　　　　　　　　模块 OUT 端口的信号

　　2）在温度为 95℃ 时，测量 EDM103-温度传感器 18B20 模块 OUT 端口的信号，如图 5-7 所示。

　　3）从图 5-6 和图 5-7 所示的测量结果可以看出，不同的温度，EDM103-温度传感器 18B20 模块 OUT 端口的信号规律是：波形是完全数字化信号，波形的幅度相同，信号的频率随着温度的升高而升高。

3. 温、湿度无线传输电路检测

　　由于温、湿度无线传输电路是由模块搭建而成的，因此可以根据电路检测的结果来判断出现故障的模块电路。可以用排除法来进行检测。

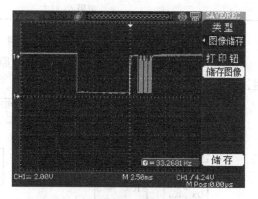

图 5-7　温度为 95℃ 时 18B20
　　模块 OUT 端口的信号

（1）案例：发射机 EDM705-nRF24L01 模块损坏

故障现象：接收机的 EDM606-12864 点阵液晶模块液晶屏无法显示温、湿度数据。

故障检测过程：经检查机器连线没有错误，加电开机后 EDM606-12864 点阵液晶模块液晶屏虽然无法显示温、湿度数据，但仍能工作，故 EDM606-12864 点阵液晶模块完好。置换接收机的 EDM001-MCS51 主机模块和 EDM705-nRF24L01 模块，故障依旧。所以考虑是发射机部分模块故障，置换发射机的 EDM001-MCS51 主机模块，故障依旧，而一般 EDM103-温度传感器 18B20 模块和 EDM116-湿度传感器模块不会同时损坏。

故障部位确定：所以故障应在 EDM705-nRF24L01 模块上。

故障排除：置换发射机的 EDM705-nRF24L01 模块，接收机的 EDM606-12864 点阵液晶模块液晶屏能够显示温、湿度数据，功能恢复。

（2）温、湿度无线传输电路可能出现的故障现象、原因及解决方法见表 5-1

表 5-1   温、湿度无线传输电路故障可能出现的故障现象、原因及解决方法

故障现象	原因	解决方法
接收机 LCD_1 没有显示温、湿度数据	微处理器 IC_6 损坏	置换 EDM001-MCS51 主机模块
	晶体谐振器 Y_2 损坏	
	集成块 IC_5 损坏	
	晶体谐振器 Y_1 损坏	
	集成块 IC_4 损坏	置换 EDM705-nRF24L01 模块
	集成块 IC_7 损坏	
接收机 LCD_1 只显示温度数据	湿度传感器 DS_1 损坏	置换 EDM116-湿度传感器模块
	集成块 IC_2 损坏	
接收机 LCD_1 只显示湿度数据	温度传感器 DS_1 损坏	置换 EDM103-温度传感器 18B20 模块
接收机 LCD_1 液晶显示器没有显示	LCD_1 液晶显示器没有上电	检查并加电 LCD_1 液晶显示器
	LCD_1 液晶显示器损坏	置换 EDM606~12864 点阵液晶模块
	电位器 RP_2 损坏	
	晶体管 VT_1 损坏	
	电阻 R_9 过大	

4. 绘制温、湿度无线传输电路原理框图

根据图 5-1 所示温、湿度无线传输电路原理图，绘制温、湿度无线传输电路原理框图，参考图 5-8。

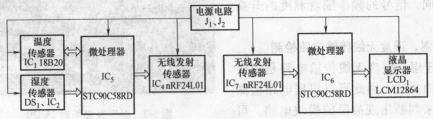

图 5-8   温、湿度无线传输电路原理框图

四、知识链接

（一）相关单元模块知识

1. 2块EDM001-MCS51主机模块

EDM001属于单片机电路模块之一。详细介绍见《电子产品模块电路及应用》第一册第51页。

2. EDM606-12864点阵液晶模块

EDM606属于显示电路模块之一。详细介绍见《电子产品模块电路及应用》第一册第54页。

3. EDM705-nRF24L01模块

EDM705是通信电路模块之一。

（1）模块电路

EDM705-nRF24L01模块电路如图5-9所示。

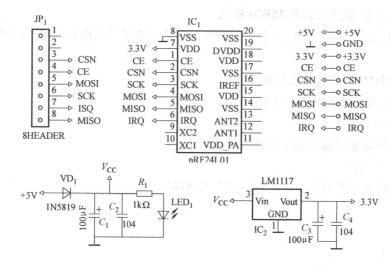

图5-9　EDM705-nRF24L01模块电路图

（2）模块实物

EDM705-nRF24L01模块实物如图5-10所示。

（3）模块功能

EDM705-nRF24L01模块接线端口说明如下。

CE：发送或接收模式。

CSN：SPI片选信号。

CLK：SPI时钟。

MOSI：SPI数据输入。

MISO：SPI数据输出。

图5-10　EDM705-nRF24L01模块实物图

IRQ：可屏蔽中断输出，低电平有效。

+5V：接 5V 电源正极。

+3.3V：接 3.3V 电源正极。

GND：接电源负极（地）。

排插 JP_1 输出功能与 CSN ~ MISO 插口相同，在 CSN ~ MISO 插口输出信号时，可直接使用排插 JP_1 输出信号。

模块供电电压为 4.5 ~ 5.5V，采用外部 5V 电源供电。nRF24L01 模块工作电压为 3.3V，可通过 LM1117 电平转换得到。EDM705 模块将 nRF24L01 引脚引出，可直接与微处理器连接。

nRF24L01 模块是工作在 2.4 ~ 2.5GHz 的 ISM 频段的无线单片收、发器芯片，内部集成有：频率发生器、增强型 "SchockBurst" 模式控制器、功率放大器、晶体振荡器、调制器和解调器。输出功率频道的选择和协议可以通过 SPI 接口设置，nRF24L01 模块设置后几乎可以连接到各种单片机芯片，并完成无线数据传送接收工作。

4. EDM103-温度传感器 18B20 模块

EDM103 是传感器电路模块之一，详细介绍见《电子产品模块电路及应用》第一册第 55 页。

5. EDM116-湿度传感器模块

EDM116 是传感器电路模块之一。

（1）模块电路

EDM116-湿度传感器模块电路如图 5-11 所示。

（2）模块实物

EDM116-湿度传感器模块实物如图 5-12 所示。

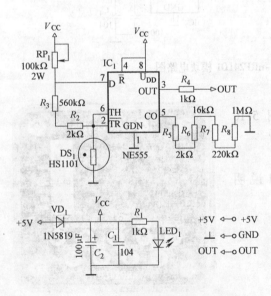

图 5-11　EDM116-湿度传感器模块电路图

图 5-12　EDM116-湿度传感器模块实物图

（3）功能描述

EDM116-湿度传感器模块端口说明如下。

+5V：接5V电源正极。

GND：接电源负极（地）。

OUT：信号输出端。

EDM116-湿度传感器模块中的集成555是非常稳定的定时器。调节触发输入脚（引脚2、6，即$\overline{TP}$和TH）的电平，可以输出不同的高低电平，再由电容的充放电延时，从而输出一定频率的方波。NE555芯片具体介绍见EDM101-声控电路模块说明。

HS1101传感器在模块工作时相当于一个可变电容，湿度不同，电容值不同。HS1101传感器串联NE555芯片引脚2、6（$\overline{TR}$、TH）。电位器RP_1用于校准输出频率。当引脚7的电压达到阈值电压（$0.67V_{CC}$），HS1101充电，OUT输出端口输出高电平；当引脚7的电压为低电平（$0.33V_{CC}$），HS1101开始放电，OUT输出端口输出低电平。通过计算OUT输出端口输出波形频率，对照HS1101频率-湿度表可知湿度情况。其频率-湿度表（25℃）见表5-2。

表5-2　HS1101频率-湿度表

频率/Hz	735	722	710	697	685	672	660	646	633	618	603
湿度/%	0	10	20	30	40	50	60	70	80	90	100

在EDM116-湿度传感器模块电路上，HS1101传感器输出的是模拟物理量信号，按电路要求，要先把该信号进行数字化处理。集成555组成的振荡电路能够产生频率稳定的矩形波，其频率是由引脚2、6所接入的电容器的电容量决定的，于是可以将HS1101传感器代替电容器接在集成555引脚2、6上，从而成为如图5-6所示的EDM116-湿度传感器模块电路。从图5-3、图5-4和图5-5所示测量的结果可以看出，只要空气湿度发生改变，集成555振荡电路输出的矩形波信号频率便发生改变，从而完成把模拟信号变成数字信号的第一步。

（二）相关电路知识

1. 器件知识

（1）湿度传感器

湿度传感器是指能感受气体中水蒸气含量，并将其转换成可用输出信号的传感器。湿度传感器用于湿度测量。湿度传感器的分类：碳膜湿度传感器、金属氧化物陶瓷式湿度传感器、电解质湿度传感器（氯化锂湿敏电阻）、高分子湿度传感器（高分子湿敏电阻）、高分子湿度传感器（高分子湿敏电容）、红外湿度传感器、微波湿度传感器、超声波湿度传感器等。

湿敏元件是最简单的湿度传感器。湿敏元件主要有电阻式、电容式两大类。湿敏电阻的特点是在基片上覆盖一层用感湿材料制成的膜，当空气中的水蒸气吸附在感湿膜上时，元件的电阻率和电阻值都发生变化，利用这一特性即可测量湿度。湿敏电容一般是用高分子薄膜电容制成的，常用的高分子材料有聚苯乙烯、聚酰亚胺、酪酸醋酸纤维等。当环境湿度发生改变时，湿敏电容的介电常数发生变化，使其电容量也发生变化，其电容变化量与相对湿度成正比。

HS1101 传感器是法国 Humirel 公司推出的一款电容式相对湿度传感器。该传感器可广泛应用于办公室、家庭、汽车驾驶室和工业过程控制系统等，对空气湿度进行检测。与其他产品相比，HS1101 传感器有着显著的优点：无需校准的完全互换性；长期饱和状态，瞬间脱湿；适应自动装配过程，包括波峰焊接、回流焊接等；具有高可靠性和长期稳定性；特有的固态聚合物结构；适用于线性电压输出和线性频率输出两种电路；响应时间快。

HS1101 湿度传感器是一种基于电容原理的湿度传感器，其电容值随相对湿度的变化而变化，且呈线性规律。因此，在自动测试系统中，必须将电容值的变化转换成电压或频率的变化，才能进行有效地数据采集。HS1101 湿敏传感器是采用侧面开放式封装，只有两个引脚，有线性电压输出和线性频率输出两种电路。在使用时，将引脚 2 接地。该传感器采用电容构成材料，不允许直流方式供电。

（2）DS18B20 温度传感器

DS18B20 是改进型智能数字温度传感器，DS18B20 器件本身提供 9 位温度读数，是一款具有单总线结构的器件。DS18B20 既供电，又传输数据，而且数据传输是双向的，信号经单总线接口输入或输出数据，因此从单片机到 DS18B20 仅需一条信号连线，微处理器可根据协议读取温度数据。即 DS18B20 与微处理器连接时仅需要一条接线，即可实现微处理器与 DS18B20 的双向通信。温度传感器 DS18B20，它集温度测量、A-D 转换于一体。DS18B20 的输出为数字量，可以直接与单片机连接，单总线具有"线与"功能，连接方便，便于扩展，可在一根总线上挂接多个 DS18B20 来组建温度测量网络。DS18B20 组建的温度测量单元体积小，便于携带、安装。DS18B20 采用 CMOS 技术，耗电量很小，从总线上取得少量电量保存到 DS18B20 内的电容中就可供给器件工作。但如果没有正确地采用 OC（集电极开路）或 OD（漏极开路）结构驱动 DS18B20，而是选择推挽方式，DS18B20 可能被烧坏。

DS18B20 使用中不需要任何外围元件，可用数据线供电，电压范围为 3.0～5.5V。测温范围为 -55～+125℃，固有测温分辨率为 0.5℃。通过编程可实现 9～12 位的数字读数方式，可自设定非易失控的报警上下限值。DS18B20 具有支持多点组网功能，多个 DS18B20 可以并联在唯一的三线上，实现多点测温。DS18B20 具有负压特性，即电源极性接反时，温度计不会因发热而烧毁，但不能正常工作。

1）实物、引脚排列及电路符号。DS18B20 实物图、引脚排列及电路符号如图 5-13 所示。

2）基本参数。

工作电压：4.5～5.5V。

测温范围：-55～+125℃。

精度高：0.0625℃。

3）应用。DS18B20 传感器的应用如图 5-14 所示。

电路的引脚 2 是输出端，输出的是 temp 温度数据，可直接与微处理器的端口连接。

（3）nRF24L01 无线模块

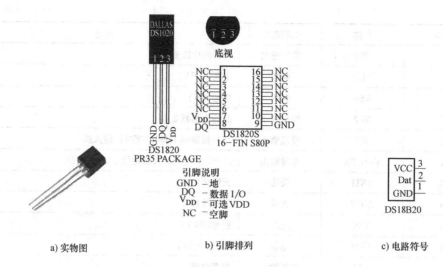

图 5-13　DS18B20 的实物图、引脚排列及符号

nRF24L01 是一款新型单片射频收发器件，工作于 2.4 ~ 2.5GHz 的 ISM 频段。内置频率合成器、功率放大器、晶体振荡器、调制器等功能模块，并融合了增强型 ShockBurst 技术，其中输出功率和通信频道可通过程序进行配置。nRF24L01 功耗低，以 − 6dBm 的功率发射时，工作电流只有 9mA；接收时，工作电流只有 12.3mA，多种低功率工作模式（掉电模式和空闲模式）使节能设计更方便。nRF24L01 引脚排列如图 5-15 所示。

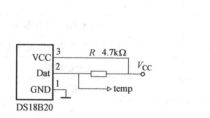

图 5-14　DS18B20 应用

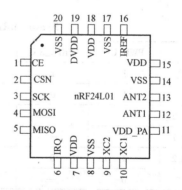

图 5-15　nRF24L01 引脚排列图

nRF24L01 各引脚功能见表 5-3。

表 5-3　nRF24L01 各引脚功能

引脚	名称	引脚功能	描述
1	CE	数字输入	RX 或 TX 模式选择
2	CSN	数字输入	SPI 片选信号
3	SCK	数字输入	SPI 时钟
4	MOSI	数字输入	SPI 数据输入
5	MISO	数字输出	SPI 数据输出

（续）

引脚	名称	引脚功能	描述
6	IRQ	数字输出	可屏蔽中断输出
7	VDD	电源	电源(+3V)
8	VSS	电源	接地(0V)
9	XC2	模拟输出	晶体振荡器 2 脚
10	XC1	模拟输入	晶体振荡器 1 脚/外部时钟输入脚
11	VDD_PA	电源输出	给 RF 的功率放大器提供 +1.8V 电源
12	ANT1	天线	天线接口 1
13	ANT2	天线	天线接口 2
14	VSS	电源	接地(0V)
15	VDD	电源	电源(+3V)
16	IREF	模拟输入	参考电流
17	VSS	电源	接地(0V)
18	VDD	电源	电源(+3V)
19	DVDD	电源输出	去耦电路电源正极端
20	VSS	电源	接地(0V)

通过配置寄存器可将 nRF24L01 配置为发射、接收、待机及掉电四种工作模式，见表 5-4。

表 5-4　nRF24L01 四种工作模式

模式	PWR_UP	PRIM_RX	CE	FIFO 寄存器状态
接收模式	1	1	1	
发射模式 1	1	0	1	数据在 TX FIFO 寄存器中
发射模式 2	1	0	1→0	停留在发射模式,直至数据发送完
待机模式 1	1	—	0	无数据传输
待机模式 2	1	0	1	TX FIFO 为空
掉电模式	0	—	—	—

备注:
待机模式 1 主要用于降低电流损耗, 在该模式下晶体振荡器仍然是工作的;
待机模式 2 则是在当 FIFO 寄存器为空且 CE 为高电压（CE =1）时进入此模式;
待机模式下, 所有配置字仍然保留。
在掉电模式下电流损耗最小, 同时 nRF24L01 也不工作, 但其所有配置寄存器的值仍然保留。

发射数据时, 首先将 nRF24L01 配置为发射模式: 接着把接收节点地址 TX_ADDR 和有效数据 TX_PLD 按照时序由 SPI 端口写入 nRF24L01 缓存区, TX_PLD 必须在 CSN 为低电平时连续写入, 而 TX_ADDR 在发射时写入一次即可, 然后 CE 置为高电平并保持至少 $10\mu s$, 延迟 $130\mu s$ 后发射数据; 若自动应答开启, 那么 nRF24L01 在发射数据后立即进入接收模式, 接收应答信号（自动应答接收地址应该与接收节点地址 TX_ADDR 一致）。如果收到应答, 则认为此次通信成功, TX_DS 置高电平, 同时 TX_PLD 从 TX

FIFO 中清除；若未收到应答，则自动重新发射该数据（自动重发已开启），若重发次数（ARC）达到上限，MAX_RT 置高电平，TX FIFO 中数据保留以便再次重发；MAX_RT 或 TX_DS 置高电平时，使 IRQ 变低电平，产生中断，通知微处理器。最后发射成功时，若 CE 为低电平则 nRF24L01 进入待机模式 1；若发送堆栈中有数据且 CE 为高电平，则进入下一次发射；若发送堆栈中无数据且 CE 为高电平，则进入待机模式 2。

接收数据时，首先将 nRF24L01 配置为接收模式，接着延迟 130μs 进入接收状态等待数据的到来。当接收方检测到有效的地址和 CRC 时，就将数据包存储在 RX FIFO 中，同时中断标志位 RX_DR 置高电平，IRQ 变低电平，产生中断，通知微处理器去取数据。若此时自动应答开启，接收方则同时进入发射状态，回传应答信号。最后接收成功时，若 CE 变低电平，则 nRF24L01 进入待机模式 1。

2. 电路知识

（1）无线传输技术

无线传输技术自诞生之日起就与人们的生活密不可分，从最初的无线电信号传输到一般家电的遥控器再到日常应用的 Wi-Fi、蓝牙传输等等，民用市场一直都是无线技术应用的主要市场。无线传输分为：模拟微波传输和数字微波传输。

1）模拟微波传输。模拟微波传输就是将视频信号直接调制在微波的通道上，通过天线发射出去，监控中心通过天线接收微波信号，再通过微波接收机解调出原来的视频信号。此种监控方式没有压缩损耗，几乎不会产生延时，因此可以保证视频质量，但其只适合点对点单路传输，不适合规模部署，此外因没有调制校准过程，抗干扰性差，在无线信号环境复杂的情况下几乎不可以使用。而模拟微波的频率越低，波长越长，绕射能力则越强，但极易干扰其他通信，在 20 世纪 90 年代此种方式应用广泛，目前几乎很少使用。

2）数字微波传输。数字微波指先将视频信号编码压缩，通过数字微波信道调制，再利用天线发射出去；接收端则相反，由天线接收信号，随后微波解扩及视频解压缩，最后还原为模拟的视频信号传输出去，此种方式也是在目前国内市场广泛使用的。数字微波的伸缩性大，通信容量最少可用十几个频道，且建构相对较易，通信效率较高，运用灵活。数字微波有模拟微波不可比的优点，适用于监控点比较多、需要加中继的情况多、情况复杂且干扰源多的场合。

（2）数字信号的传输方式

数字信号的传输方式有两种：基带传输和频带传输。模拟信号经过信源编码得到的信号为数字基带信号，这种将数字基带信号经过码型变换，不经过调制直接送到信道传输的传输方式称为数字信号的基带传输。基带传输的系统模型如图 5-16 所示。

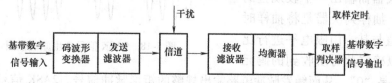

图 5-16　基带传输系统模型

　　将数字基带信号经过相应的数字调制器调制，使数字基带信号成为数字载波信号后在进行传输；接收端通过相应的数字解调器进行解调，恢复成数字基带信号，这种经过调制和解调的数字基带信号传输方式称为数字信号的频带传输。频带传输的系统模型如图 5-17 所示。

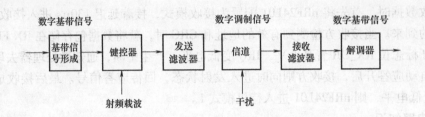

图 5-17　频带传输系统模型

（3）数字信号的调制与解调

　　数字信号的频带传输，必须用数字信号对载波进行调制。调制方式也有三种基本方式：二进制幅度键控（2ASK）、二进制频移键控（2PSK）和二进制相移键控（2FSK）。

　　1）二进制幅度键控（2ASK）。

　　① 2ASK 信号的产生。2ASK 信号是用二进制的数字键控信号作为调制信号控制载波的幅度变化。数字信号多采用矩形的单极性基带信号作为调制信号。当调制信号为"1"时，输出一个方形脉冲，使载波信号送出，相当于接通电路；当调制信号为"0"时，相当于断开电路，使载波信号被截断。这种二进制幅度调制方式类似于由一个通—断开关控制一样，故又称为通—断键控（OOK）。2ASK 信号产生的原理框图如图 5-18 所示。

　　② 2ASK 信号的解调。解调可以有以下两种方法。

　　a. 包络检波法（非相干解调）。这种方法是将接收的信号先通过一个带通滤波器将其噪声和杂散信号滤除，提高检测器输入端的信噪比。然后通过半波或全波整流器进行检波，再经过一个低通滤波器滤除高频分量而到调制信号，将此信号送至抽样判决器而输出一个较规整的调制信号。抽样判决器是将抽样时刻的抽样值与某一门限电平进行比较判决，以确定此时所收到的码元

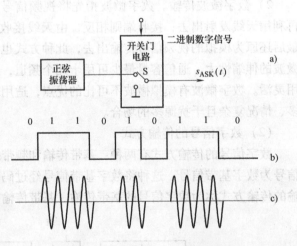

图 5-18　2ASK 信号产生原理框图

是"1"还是"0"，从而触发脉冲电路输出规整的矩形脉冲信号。2ASK 信号解调的包络检波法如图 5-19 所示。

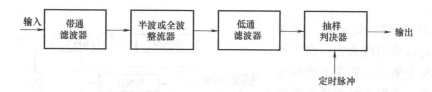

图 5-19　2ASK 信号解调的包络检波法

b. 相干解调。相干解调就是在接收机中产生一个与发送载波同频、同相的本地相干载波信号。这一相干载波信号可从所接收的已调信号中提取。在图 5-20 中可看出，数字信号的相干解调与模拟信号的相干解调原理完全相同，也是利用相干载波对接收到的信号进行相乘，经滤波后提取基带信号。与模拟信号相干解调不同的是由于被传输的信号只有 1 和 0，因而只需要在每个信号间隔内做出一次判决即可。相干解调在 2ASK 信号中较少使用。

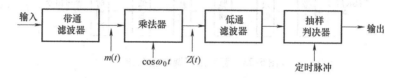

图 5-20　2ASK 信号的相干解调法

2）二进制频移键控（2FSK）。2FSK 就是用调制信号 1 和 0 来改变载波振荡的频率。当调制信号为"1"时，其载波频率为 f_1，当调制信号为"0"时，其载波频率为 f_2，如图 5-21 所示。其优点是实现起来比较简单，解调时不需要本地载波，对电平变化的适应能力较强。缺点就是占用频带较宽。

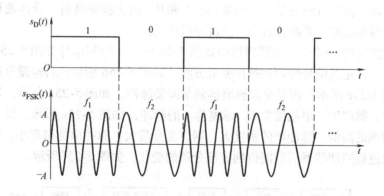

图 5-21　理想的 2FSK 波形

① 2FSK 信号的产生。数字调频信号的产生可采用直接调频法或频率转换法。直接调频法是用基带数字信号直接控制一个振荡器某些参数的改变，使振荡频率发生改变。用这种方法产生的频率调制波形在相位上是连续的，所以叫相位连续的 FSK 信号。2FSK 信号产生原理方框图如图 5-22 所示。它实现起来比较容易，但频率稳定性较差。

频率转换法是用数字信号控制两个独立的振荡器的输出，以便得到与数字信号相应的频率。

② 2FSK 信号的解调。2FSK 信号的解调分为两大类：相干解调和非相干解调。实用上多用非相干解调。非相干解调最常用的方法有两个：鉴频法和零交点法。

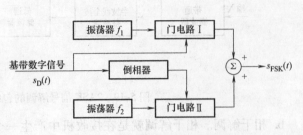

图 5-22　2FSK 信号产生原理框图

a. 鉴频法。鉴频法是将调频信号的频率变化转换为幅度变化，然后像调幅信号一样通过幅度检波而得到基带信号。所以鉴频器实际上就是频率—幅度变换器。鉴频法解调原理框图如图 5-23 所示。

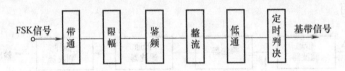

图 5-23　鉴频法解调原理框图

FSK 信号送入鉴频器前，经带通滤波器去除带外噪声，以提高检测信号的信噪比。再通过限幅器去除信号中的寄生调幅而得到一个幅度恒定的调频波。送入鉴频器后，将频率变化转变为幅度变化。经整流器检波而得到检波信号，再经低通滤波器滤除检波后的高频成分，得到基带信号，通过定时判决对其基带信号进行整形而得到规整的基带信号。

b. 零交点法。零交点法是将正弦振荡变成同频率的单极性矩形脉冲，经滤波取方波的直流分量，根据直流分量的大小来判断 1 和 0。因为频率高时，脉冲数目大，直流分量就高。频率低时，脉冲数目小，直流分量就低。

零交点法解调 FSK 信号的原理框图如图 5-24 所示，调频信号如图 5-25a 所示，经放大限幅后，将正弦信号峰顶切掉而变成方波，如图 5-25b 所示；再经微分得到双向尖脉冲，如图 5-25c 所示；再经全波整流得到单向尖脉冲，如图 5-25d 所示；用单向脉冲发生器触发，就产生一串幅度为 E，脉宽为 τ 的脉冲，如图 5-25e 所示，脉冲的数目反映了信号频率的高低。脉冲串的密度大，则直流分量大，脉冲串的密度小，则直流分量小。所以通过低通滤波器后就能得到直流分量的变化，如图 5-25f 所示。

图 5-24　零交点法解调 FSK 信号原理框图

3）二进制相移键控（2PSK）。2PSK 调制是用高频载波两种相位的变化来代表"0"和"1"数字信号的变化。由于 PSK 系统抗噪声性能优于 ASK 和 FSK，且频带利用率较高，故被广泛用于中、高速数字通信系统。相移键控调制根据相位变化的参考对象不同，可以分为绝对调相（PSK）和相对调相（DPSK）。相对调相（DPSK）优点突出，故移相键控调制方式一般均使用相对调相（DPSK）。

① 相对调相（DPSK）信号的产生。DPSK 信号的产生如图 5-26 所示。

绝对调相信号的产生方法有两种：直接调相法和相位选择法。

② 相对调相（DPSK）信号的解调。DPSK 信号是通过前后码元高频载波相位的相对变化来反映数字信号的，因此要解调接收到的 DPSK 信号，最方便的方法是将前后码元对应载波的相位进行比较。该方法称之为相位比较法或差分检波法。由于这种方法不需要码型

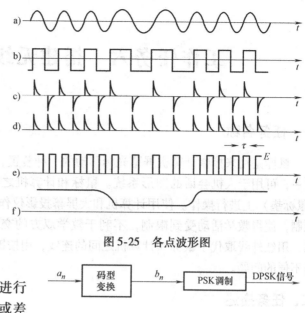

图 5-25　各点波形图

图 5-26　DPSK 信号的产生

变换器，也不需要专门的相干载波振荡器，因此电路简单，被广泛应用于各种二相相对的解调电路中，它的原理框图和各点波形如图 5-27 和图 5-28 所示。

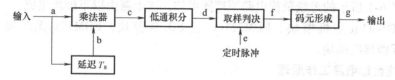

图 5-27　DPSK 信号的解调原理框图

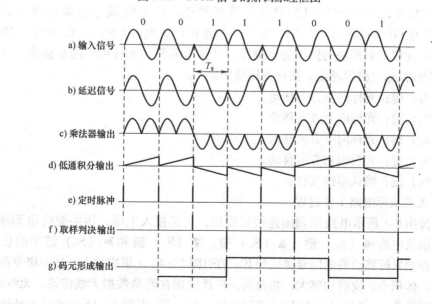

图 5-28　各点波形图

工作任务六　搭建无线鼠标电路

一、任务名称

鼠标是用来控制计算机屏幕光标移动的一种装置，是计算机最重要的外部输入设备之一，可用于人机会话的图形系统。鼠标和计算机之间有一根连线，并且需要在桌面（鼠标垫）上进行操作。使用计算机和大屏幕投影仪作多媒体教学时，由于鼠标操作的限制，使得教学活动受到限制，不利于教学双方的交流。本文介绍的一种红外遥控鼠标，用红外线取代了鼠标和计算机之间的连线，用按键控制光标的移动，解决了鼠标使用不便的问题。

二、任务描述

1. 搭建无线鼠标电路原理图

无线鼠标电路原理图如图 6-1 所示。

2. 搭建无线鼠标电路模块

根据图 6-1 所示的无线鼠标电路原理图可知，该电路由以下模块组成：

EDM002-AVR 主机模块、EDM221-U 盘 SD 卡模块、EDM308-无线发射模块和 EDM309-无线接收模块。

3. 无线鼠标电路工作原理

（1）无线鼠标电路功能

无线鼠标可以代替有线鼠标进行计算机操作。在无线鼠标电路连接好后，把 EDM221-U 盘 SD 卡模块的 USB 端口用 USB 线连接计算机的 USB 端口，通电后便可以在 EDM308-无线发射模块的按键进行操作，计算机屏幕的光标可以随意移动。根据图 6-1 所示无线鼠标电路原理图，按键使用操作如下。

◄（S_4）键：光标向左方向移动。

▲（S_5）键：光标向上方向移动。

▼（S_6）键：光标向下方向移动。

►（S_7）键：光标向右方向移动。

F_1（S_3）键：确认单击文件。

（2）无线鼠标电路工作过程

电路按图 6-1 所示电路原理图连接好以后，正确接入电源，用手指按动 EDM308-无线发射模块中的 ◄（S_4）键、▲（S_5）键、▼（S_6）键和 ►（S_7）键中的任意按键，就可以把鼠标移动的电信号送往到 IC_2 的引脚 1~4，（集成块 IC_2 是一块专业发射集成电路，体积小，发射功率大，功耗低，广泛应用在简易数据无线传输、无线遥控、防盗报警等场合）。该信号用 BCD 码进行编码，它与 IC_2 引脚 8~15 进来的地址码调制

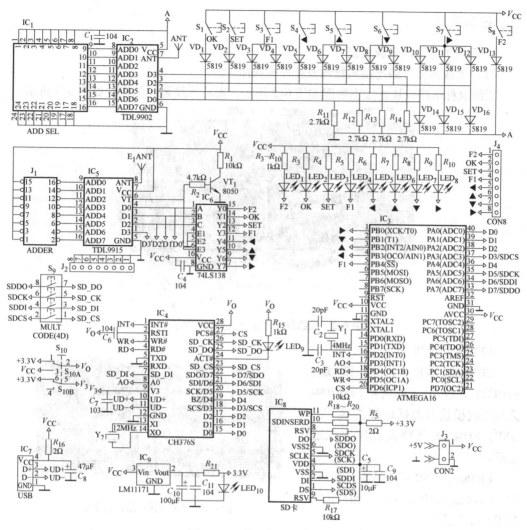

图6-1　无线鼠标电路原理图

成发射信号，由引脚7连接的天线发射出去。

无线信号被集成块 IC₅（无线接收模块 EDM309）引脚8上的天线接收后被送入 IC₅ 解调，解调后的信号从引脚1~4输出，一部分信号送往 IC₆ 的引脚1~3，由 IC₆ 译码后从引脚7~15输出，其中引脚7~12输出的信号为鼠标移动控制信号。这些控制信号再送往到微处理器 IC₃ 的引脚1~5，由于微处理器 IC₃ 已经写入了信号处理的程序，所以由微处理器 IC₃ 引脚33~40输出 D7~D0 数据，并由 IC₃ 引脚16~20输出相关 INT、AO、RD、WR 和 CS 控制信号。这部分信号送到 EDM221-U IC₄（EDM221-U 盘 SD 卡模块里的文件管理控制芯片）对应引脚22~15、1、8、4、3 和27。IC₄ 内置了 USB 通信协议的基本固件，支持常用的 USB 存储设备，其中引脚10、11输出 UD +、UD - 信号到 USB 设备 IC₇ 引脚3、2，只要用 USB 连线与计算机的 USB 端口连接，便可以控制屏幕上光标的移动以及其他功能的操作等。

三、任务完成

1. 无线鼠标电路模块连接

（1）无线鼠标电路连接实物图及操控模块图

无线鼠标电路模块连接实物图如图 6-2 所示，操控无线鼠标的模块如图 6-3 所示。

图 6-2　无线鼠标电路模块连接实物图

（2）连接说明

EDM002-AVR 主机模块、EDM221-U 盘 SD 卡模块和 EDM309-无线接收模块电源插口都连接 5V、GND。EDM308-无线发射模块自带电源。

EDM002-AVR 主机模块 PA0 ~ PA7 插口接 EDM221-U 盘 SD 卡模块 D0 ~ D7 插口。

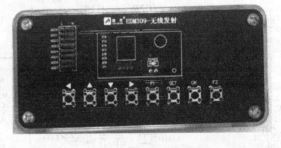

图 6-3　操控无线鼠标的模块

EDM002-AVR 主机模块 PD2 插口接 EDM221-U 盘 SD 卡模块 INT 插口。

EDM002-AVR 主机模块 PD3 插口接 EDM221-U 盘 SD 卡模块 A0 插口。

EDM002-AVR 主机模块 PD4 插口接 EDM221-U 盘 SD 卡模块 RD 插口。

EDM002-AVR 主机模块 PD5 插口接 EDM221-U 盘 SD 卡模块 WR 插口。

EDM002-AVR 主机模块 PD6 插口接 EDM221-U 盘 SD 卡模块 CS 插口。

EDM002-AVR 主机模块 PB0 ~ PA4 插口分别接 EDM308 无线接收模块 ▶ 右（RIGHT）/▼下（DOWN）/▲上（UP）/◀左（LEFT）/F1 插口。

EDM221-U 盘 SD 卡 TXD 插口接地，按键弹起。

EDM221-U 盘 SD 卡模块 USB 端口（使用 USB 线）接计算机的 USB 端口。

2. 无线鼠标电路调整

① 接入电源，将直流电压 +5V 加到无线鼠标模块电路，打开直流电压 +5V 后，对无线鼠标电路各模块进行供电，此时观察计算机右下方显示条如图 6-4 所示，计算机会自动检测外设，大约 10s 后，无线鼠标电路与计算机连接成功。

② 无线鼠标电路连接成功后，此时就可以通过按动无线发射键盘▲上（UP）、▼下（DOWN）、◄左（LEFT）、►右（RIGHT）和 F1 键进行操作，控制计算机屏幕上光标移动和单击鼠标处理文件。

图6-4　计算机右下方显示条

3. 无线鼠标电路模块电路检测

（1）案例：EDM308-无线接收模块故障

由于无线鼠标电路是由模块搭建而成的，因此可以根据电路检测的结果来判断出现故障的模块电路。可以用排除法来进行检测。

故障现象：把各模块按电路要求连接，加电。开机后在 EDM309-无线发射模块上操作键盘▲上（UP）、▼下（DOWN）、◄左（LEFT）、►右（RIGHT）和 F1 键，计算机屏幕并没有出现光标的移动。

故障检测过程：经检查机器连线没有错误，首先用良好的 EDM309-无线发射模块置换疑似故障可能出现的无线发射模块，然后操作模块上键盘，如果其结果还是在计算机屏幕上未能使光标移动，那么并非是无线发射模块的故障。

用良好的 EDM308-无线接收模块代替原来的无线接收模块，操作无线发射模块上键盘，未能使计算机屏幕上的光标移动。所以并非是无线接收模块故障。

改用 EDM002-AVR 主机模块代替原来的主机模块，操作无线发射模块上键盘，同样也未能使计算机屏幕上的光标移动。所以也并非是主机模块故障。

故障部位确定：确定以上 3 个模块电路正常，则故障应该是落在 EDM221-U 盘 SD 卡模块上。

故障排除：置换 EDM221-U 盘 SD 卡模块，操作无线发射模块上键盘，能使光标移动，所搭建的电路恢复正常。

（2）搭建无线鼠标电路可能出现的故障现象、原因及解决方法见表 6-1

表6-1　搭建无线鼠标电路可能出现的故障现象、原因及解决方法

故障现象	原　因	解决方法
计算机屏幕上的光标未能移动	没有接电源	接电源
	IC_4 损坏	置换 EDM221-U 盘 SD 卡模块
	晶体谐振器 Y_2 损坏	
	IC_7 的 USB 接口损坏	
	连锁开关 S_{10} 损坏	
	自锁开关 S_2 电压选择位置错误	确认自锁开关 S_2 正确选择电压位置
	IC_7 的 USB 端口未连接 USB 线	计算机 USB 端口连接 USB 线
	EDM309-无线发射模块未装电池	重新给 EDM309-无线发射模块装电池
	IC_2 损坏	置换 EDM309-无线发射模块
	IC_6 损坏	置换 EDM308-无线接收模块
	IC_5 损坏	
	晶体管 VT_1 损坏	
	晶体谐振器 Y_1 损坏	置换 EDM002-AVR 主机模块
	IC_3 损坏	

4. 绘制无线鼠标模块电路原理框图

根据图 6-1 所示无线鼠标模块电路原理图，绘制无线鼠标电路原理方框图，如图 6-5 所示。

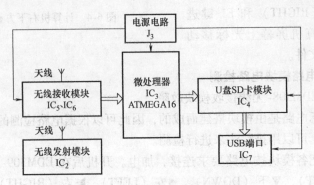

图 6-5　无线鼠标电路原理框图

四、知识链接

（一）相关单元模块知识

1. EDM002-AVR 主机模块

EDM002 属于单片机电路模块之一。详细介绍见《电子产品模块电路及应用》第一册第 75 页。

2. EDM221-U 盘 SD 卡模块

EDM221 属于信号采样处理电路模块之一。

（1）模块电路

EDM221-U 盘 SD 卡模块电路如图 6-6 所示。

（2）模块实物

EDM221-U 盘 SD 卡模块实物如图 6-7 所示。

（3）功能描述

EDM221-U 盘 SD 卡模块端口说明如下。

+5V：接 5V 电源正极。

+3.3V：接 3.3V 电源正极。

VCC：接电源 VCC 正极。

GND：接电源负极（地）。

其余端口可看表 6-2。

排插 PT26 输出功能与 D0 ~ D7 插口相同，在 D0 ~ D7 插口输出信号时，可直接使用排插 PT26 输出信号。

排插 PT27 输出功能与 INT ~ SDINSERT 插口相同，在 INT ~ SDINSERT 插口输出信号时，可直接使用排插 PT27 输出信号。

排插 PT28 输出功能与 RXD ~ D3 插口相同，在 RXD ~ D3 插口输出信号时，可直接使用排插 PT28 输出信号。

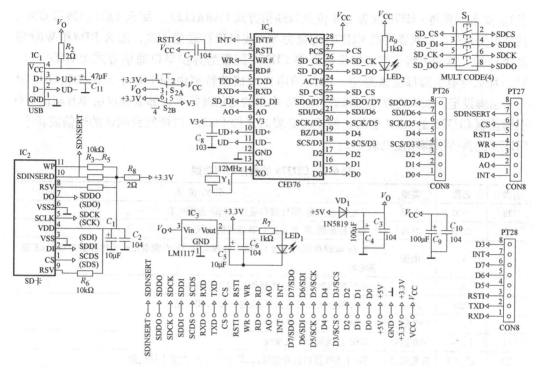

图 6-6 EDM221-U 盘 SD 卡模块电路图

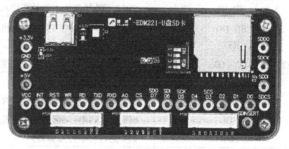

图 6-7 EDM221-U 盘 SD 卡模块实物图

模块采用外部 5V 电源供电，供电电源电路见 EDM001 介绍。

CH376 供电电压为 5V 或者 3.3V，当模块和 5V 单片机端口相连时，必须将自锁开关（S_2）弹起，此时 CH376 供电电压为 5V，测得 VCC 输出电压为 5V。当模块和 3V 单片机相连时，必须将自锁开关（S_2）按下，此时 CH376 供电电压为 3.3V，测得 VCC 输出电压为 3.3V。当其与单片机相连时，注意不要弄错。

4 位拨码开关用来选择 SD 卡是否和 CH376 相连。不相连时，单片机可以直接通过 SPI 接口操作 SD 卡，不需要控制 CH376。

外接电源时，5V 系统只需 +5V 端子外接 5V 电源。3V 系统时 +5V 和 +3.3V 端子中只需接一个。VCC 务必不要外接电源。

CH376 是文件管理控制芯片，支持 8 位并口、SPI 接口和异步串口三种通信接口，用于单片机系统读写 U 盘或者 SD 卡中的文件。CH376 不仅支持 USB 设备方式和 USB 主机方式，而且内置 USB 通信协议的基本固件、内置处理海量存储设备的专用通信协议的固件、内置 SD 卡的通信接口固件、内置 FAT16 和 FAT32 以及 FAT12 文件系统的管理固件、支持常用的 USB 存储设备（包括 U 盘、USB 硬盘、USB 闪存盘、USB 读卡器）和 SD 卡（包括标准容量 SD 卡和高容量 HC-SD 卡以及协议兼容的 MMC 卡和 TF

卡）。如果需要将 CH376 配置为 8 位并口通信方式 PARALLEL，那么 TXD 应该接 GND，其余引脚悬空。如果需要将 CH376 配置为 SPI 接口串行通信方式，那么 RD#和 WR#应该接 GND，其余引脚悬空。如果需要将 CH376 配置为异步串口通信方式 UART/SERIAL，那么所有引脚都应该悬空，默认的串口通信波特率由 SDI/D6、SCK/D5、BZ/D4 三个引脚设定。如果需要动态修改 CH376 串口的通信波特率，那么建议由单片机的 I/O 引脚控制 CH376 的 RSTI 引脚，便于在必要时复位 CH376 以恢复到默认的通信波特率。CH376 的具体引脚功能见表 6-2。

表 6-2　CH376 的具体引脚功能

引脚号	名称	类型	引脚说明
28	VCC	电源	正电源输入端，需外接容量为 0.1μF 退耦电容
12	GND	电源	公共接地端，需要连接 USB 总线的地线
9	V3	电源	3.3V 电源电压时连接 V_{CC} 输入外部电源，5V 电源电压时外接容量为 0.01μF 退耦电容
13	XI	输入	晶体振荡的输入端，需要外接 12MHz 晶体
14	XO	输出	晶体振荡的反相输出端，需要外接 12MHz 晶体
10	UD +	USB 信号	USB 总线的 D + 数据线
11	UD −	USB 信号	USB 总线的 D − 数据线
23	SD_CS	开漏输出	SD 卡 SPI 接口的片选输出，低电平有效，内置上拉电阻
26	SD_CK	输出	SD 卡 SPI 接口的串行时钟输出
7	SD_DI	输入	SD 卡 SPI 接口的串行数据输入，内置上拉电阻
25	SD_DO RST	输出	SD 卡 SPI 接口的串行数据输出 在进入 SD 卡模式之前是电源上电复位和外部复位输出，高电平有效
22 ~ 15	D7 ~ D0	双向三态	并口的 8 位双向数据总线，内置上拉电阻
18	SCS	输入	SPI 接口的片选输入，低电平有效，内置上拉电阻
20	SCK	输入	SPI 接口的串行时钟输入，内置上拉电阻
21	SDI	输入	SPI 接口的串行数据输入，内置上拉电阻
22	SDO	三态输出	SPI 接口的串行数据输出
19	BZ	输出	SPI 接口的忙状态输出，高电平有效
8	A0	输入	8 位并口的地址输入，区分命令口与数据口，内置上拉电阻。 当 A0 =1 时可以写命令或读状态，当 A0 =0 时可以读写数据
27	PCS#	输入	8 位并口的片选控制输入，低电平有效，内置上拉电阻
4	RD#	输入	8 位并口的读选通输入，低电平有效，内置上拉电阻
3	WR#	输入	8 位并口的写选通输入，低电平有效，内置上拉电阻
5	TXD	输入 输出	芯片内部复位期间为接口配置输入，内置上拉电阻 芯片复位完成后为异步串口的串行数据输出
6	RXD	输入	异步串口的串行数据输入，内置上拉电阻
1	INT#	输出	中断请求输出，低电平有效，内置上拉电阻
24	ACT#	开漏输出	状态输出，低电平有效，内置上拉电阻。USB 主机方式下是 USB 设备正在连接状态输出；SD 卡主机方式下是 SD 卡 SPI 通信成功状态输出；内置固件的 USB 设备方式下是 USB 设备配置完成状态输出
2	RSTI	输入	外部复位输入，高电平有效，内置下拉电阻

3. EDM308-无线发射模块

EDM308 属于接口及其他电路模块之一。详细介绍见《电子产品模块电路及应用》第一册第 147 页。

4. EDM309-无线接收模块

EDM309 属于接口及其他电路模块之一。详细介绍见《电子产品模块电路及应用》第一册第 148 页。

（二）相关电路知识

1. SD 卡

（1）SD 卡概述

SD 卡在现在的日常生活与工作中使用非常广泛，时下已经成为最为通用的数据存储卡。在诸如 MP3、数码相机等设备上也都采用 SD 卡作为其存储设备。SD 卡之所以得到如此广泛的使用，是因为它价格低廉、存储容量大、使用方便、通用性与安全性强等优点。图 6-8 为 SD 卡内部引脚图，表 6-3 为 SD 卡引脚功能。

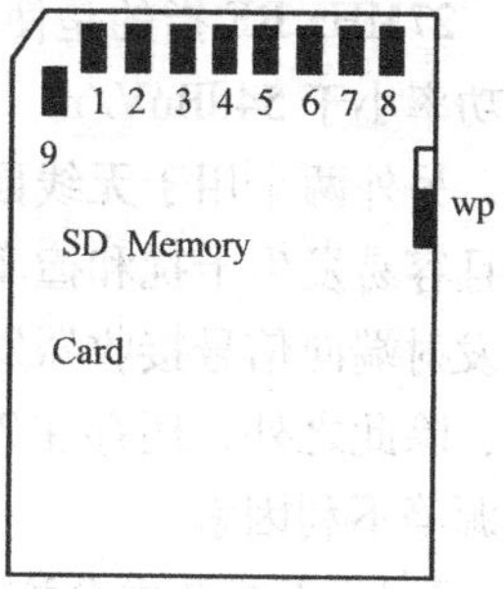

（2）SD 卡与 U 盘的区别

U 盘既称为优盘，又称为闪存盘，采用 USB 接口技术与计算机进行连接工作。其使用方法很简单，只需要将 U 盘插入计算机的 USB 端口，然后安装驱动程序即可。U 盘和 SD 卡存储的芯片都是一样的。可以认为 U 盘就是封装好的 SD 卡，SD 卡加上读卡器就是 U 盘。读卡器相当于 U 盘的电路，SD 卡就是 U 盘的存储芯片。

图 6-8 SD 卡内部引脚图

表 6-3 SD 卡引脚功能

引脚编号	SD 模式			SPI 模式		
	名称	类型	描述	名称	类型	描述
1	CD/DAT3	I/O 或 PP	卡检测/数据线 3	#CS	I	片选
2	CMD	PP	命令/回应	DI	I	数据输入
3	V_{SS1}	S	电源地	V_{SS}	S	电源地
4	V_{DD}	S	电源	V_{DD}	S	电源
5	CLK	I	时钟	SCLK	I	时钟
6	V_{SS2}	S	电源地	V_{SS2}	S	电源地
7	DAT0	I/O 或 PP	数据线 0	DO	O 或 PP	数据输出
8	DAT1	I/O 或 PP	数据线 1	RSV		
9	DAT2	I/O 或 PP	数据线 2	RSV		

注：S：电源供给。

I：输入。

O：采用推拉驱动的输出。

PP：采用推拉驱动的输入输出。

SD 卡和 U 盘区别：

① SD 卡可以放在现在市场上出的佳能、尼康、卡西欧、松下、理光、三星等民用数字照相机中做存储卡，而 U 盘不能。

② SD 卡还可以放在某些品牌的某些型号手机上做储存卡，而 U 盘不能。

2. 无线鼠标

目前市场上售卖的基本上都是光学鼠标和激光鼠标，更古老的机械鼠标、光电机械鼠标都已经被淘汰。无线鼠标的工作原理可以简单理解为：无线鼠标 = 有线鼠标 - 数据线 + 无线模块。

（1）工作方式

对于当前主流无线鼠标而言，仅有 27MHz、2.4G 和蓝牙无线鼠标三类。

27MHz RF 指的是使用 27MHz ISM（工业、科学、医学）无线频带的一项技术，输出功率小于 54dBuV/m。在这个频带中有四个全球范围的频道：其中两个用于无线键盘，另外两个用于无线鼠标；但是 27MHz 最远有效传输距离仅为 6 英尺（182.88cm），而且容易发生干扰和撞车情况。另外，27MHz 鼠标产品仅支持单向传输（仅支持鼠标的发射端向信号接收器发送信号），为保证传输速率还必须连续工作，因此功耗也比较大，除此之外，还存在 27MHz 技术无线安全级别较低、传输带宽有限、频段并非免费资源等不利因素。

2.4G 无线技术全称"2.4GHz 非联网解决方案"，解决了 27MHz 功率大、传输距离短、同类产品容易出现互相干扰等缺点。2.4G 无线技术使用的频率是 2.4 ~ 2.485GHz ISM 无线频段，该名称就是由此而来，该频段在全球大多数国家均属于免授权免费使用，可以大幅节省成本。2.4G 传输速率达到了 2Mbps，接收端和发射端之间并不需要连续性工作，从而大大降低了功耗、延长电池使用时间。2.4G 无线技术还采用了自动调频技术，接收端和传输端能够找到可用频段，彻底解决 27MHz 无线频段容易出现互相干扰的问题。此外，更重要的是 2.4G 无线技术为双向传输模式，避免 27MHz 单向传输容易出现信号断续的情况。正是由于有了这些改进，而且成本的降低，2.4G 产品才能成为如今无线鼠标的主流。

"蓝牙"技术是由一家成立于 1998 年 9 月的私营非营利组织 Special Interest Group（简称 SIG）制定的一个标准，SIG 组织本身并不制造、生产或销售任何蓝牙设备。蓝牙使用的频段和 2.4G RF 一致，均为在大多数国家免费、无授权的 2.4 ~ 2.485GHz ISM（工业、科学、医学）无线频段，但蓝牙技术在普通 2.4G 无线技术上增加了自适应跳频技术（Adaptive Frequency Hopping，AFH），实现全双工传输模式，并实现 1600 次/s 的自动跳频。此外，该技术能够使蓝牙设备的接收方和传输方以 1MHz 为间隔，在其划分的 79 个子频段上互相配对。不过蓝牙由于成本上比 2.4G 无线技术高，所以主要使用在高端无线鼠标上，产品也比较少。

（2）工作过程

在机械式鼠标底部有一个露出一部分的塑胶小球，当鼠标在操作桌面上移动时，小球随之转动，在鼠标内部装有三个滚轴与小球接触，其中有两个分别是 X 轴方向和 Y 轴方向滚轴，用来分别测量 X 轴方向和 Y 轴方向的移动量，另一个是空轴，仅起支撑作用。拖动鼠标时，由于小球带动三个滚轴转动，X 轴方向和 Y 轴方向滚轴又各带动一个转轴（称为译码轮）转动。译码轮的两侧分别装有红外发光二极管和光敏传感器，组成光电耦合器。光敏传感器内部沿垂直方向排列有两个光敏晶体管 A 和 B。由于译码轮有间隙，故当译码轮转动时，红外发光二极管发出的红外线时而照在光敏传感器上，时而被阻断，从而使光敏传感器输出脉冲信号。光敏晶体管 A 和 B 被安放的位置使得其光照和阻断的时间有差异，从而产生的脉冲 A 和脉冲 B 有一定的相位差，利用这种方法，就能测出鼠标的拖动方向。也就是说，脉冲 A 比脉冲 B 的相位提前时，表示一个移动方向；反之，脉冲 B 比脉冲 A 的相位提前时，表示另一个移动方向。同时，脉冲信号周期也能反映出移动速度。检测到的 X 轴方向和 Y 轴方向移动的合成即代表了鼠标的移动方向。将上述电信号重新编码后形成串行信号，再通过串行口 COM1 或 COM2 输入计算机，计算机即可判断鼠标的移动方向。综上可以得出结论：如果给 X 轴方向和 Y 轴方向的光敏传感器的输出端送入两组脉冲信号，控制每一组脉冲的相位差即能达到与拖动鼠标相同的作用。

　　无线鼠标具有节能模式，不仅采用低功耗芯片，还有多重省电措施，在运行模式下 LED 闪烁速度是 1500 次/s，而在最省电的模式下闪烁速度只有 2 次/s，移动鼠标或按下鼠标按键，鼠标将迅速恢复到正常运行模式。

工作任务七　搭建指纹门禁电路

一、任务名称

门禁管理是现代安全防范系统的重要组成部分，随着国内对门禁系统安全性、先进性和稳定性要求的提高，迫切需要一种高性能的门禁系统。指纹门禁系统的硬件主要由微处理器、指纹识别模块、液晶显示模块、键盘、实时时钟/日历芯片、电控锁和电源等组成。微处理器作为系统的上位机，控制整个系统。指纹识别模块主要完成指纹特征的采集、比对、存储、删除等功能。液晶显示模块用于显示开门记录、实时时钟和操作提示等信息，和键盘一起组成人机界面。

二、任务描述

1. 搭建指纹门禁电路原理图

指纹门禁电路原理图如图7-1所示。

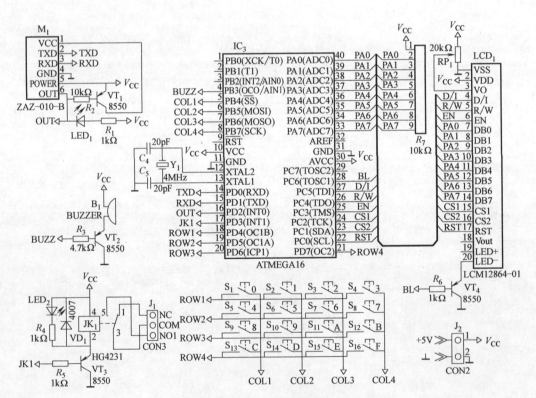

图7-1　指纹门禁电路原理图

2. 搭建指纹门禁电路模块

根据图 7-1 所示指纹门禁电路原理图可知，该电路由以下模块组成：

EDM002-AVR 主机模块、EDM606-12864 字符液晶显示模块、EDM406-4×4 键盘模块、EDM126-指纹识别模块、EDM504-蜂鸣器模块和 EDM402-继电器模块。

3. 指纹门禁电路工作原理

（1）指纹门禁电路功能

该电路可以现场录入指纹，修改管理员密码，用指纹来对门禁进行控制，通过液晶显示器 LCD_1 显示并进行操作。根据图 7-1 所示电路原理图，EDM406-4×4 键盘模块按键使用操作如下。

A（S_{11}）键：移位。

B（S_{12}）键：+。

C（S_{13}）键：-。

D（S_{14}）键：设置（返回）。

E（S_{15}）键：取消。

F（S_{16}）键：确定。

原始密码：888888。

（2）指纹门禁电路工作过程

指纹门禁电路模块接通 5V 电源后，LCD_1 液晶屏幕显示正常，机器进入了待机工作状态。机器已经在微处理器 IC_3 里写入了指纹录入及指纹控制门禁工作的程序。开始时，机器需要设置密码，通过按动微动按钮 $S_1 \sim S_{16}$，输入原始密码 888888，把原始密码的信息通过微处理器 IC_3 的引脚 18～21 及引脚 5～8 输入到微处理器中，如果输入密码正确，则 LCD_1 液晶屏幕提示可以输入新密码。按提示操作重新输入新密码，虽然重新输入新密码的信息仍然是从 IC_3 的引脚 18～21 及引脚 5～8 输入到微处理器中，但机器内的程序会自动确认操作，并同时保存新密码的信息到微处理器 IC_3 内。

这时便可以进行指纹录入的操作，把需要保留指纹信息的手指按在 M_1 指纹模块的指纹录入模板上，机器便会自动对当前指纹进行扫描，并把扫描的指纹信息保留在 M_1 指纹模块里，当第二次指纹录入时，会与第一次录入的指纹信息进行对比，如果正确，则由 M_1 指纹模块的 TXD 端口输出信号到微处理器 IC_3 引脚 14，微处理器 IC_3 便知道已经正确录入指纹信息，并通知相关端口输出相关信号。微处理器 IC_3 由引脚 15（RXD 端口）把是否已经有指纹信息录入信号反馈给 M_1 指纹模块的 RXD 端口。如果录入不成功，或第二次录入的指纹信息错误，M_1 指纹模块的 TXD 端口发出指纹信息录入错误信号给微处理器 IC_3 引脚 14，微处理器 IC_3 根据这一信号由相关引脚向 LCD_1 液晶屏幕显示发出"录入出错"提示，M_1 指纹模块会自动取消已经录入的信息，LCD_1 液晶屏幕显示返回到"录入指纹"状态并让重新输入手指的指纹信息。如果指纹信息录入成功。下一步便设置时间，设置时间同样通过操作按动微动按钮 $S_1 \sim S_{16}$，把"年、月、日、星期、时、分、秒"等信息保留在微处理器 IC_3 里。

正确完成设置以后，指纹控制门禁的功能便可以实施。当将设置指纹信息的手指按在 M_1 指纹模块的指纹检测模板上，屏幕上会显示"指纹输入"，同时机器自动对指纹进行扫描，并把扫描的指纹信息与原来由 M₁ 指纹模块已经录入的指纹信息进行对比，如果两者指纹信息相同，由 M₁ 指纹模块引脚 2 的 TXD 端口发出成功对比指纹的信号给微处理器 IC₃ 引脚 14，微处理器 IC₃ 根据这一信号，由微处理器 IC₃ 引脚 17 输出一低电平，使晶体管 VT₃ 导通，继电器 JK₁ 吸合，把开启门禁的信号送出去，门禁根据这一信号成功开启门禁。这样便完成了指纹门禁的整个工作过程。

当按动 EDM406-4×4 键盘模块上的微动按钮进行密码设置或把手指按在 EDM126-指纹识别模块的指纹模板上时，微处理器 IC₃ 的引脚 4 输出均为低电平，使晶体管 VT₂ 导通，蜂鸣器 B₁ 便发出声音提示。

指导操作过程的顺序信息，由微处理器 IC₃ 引脚 22~28 及引脚 33~40 输出的信号通过控制 LCD₁ 液晶屏幕显示出来。

三、任务完成

1. 指纹门禁模块电路连接

（1）指纹门禁电路模块连接实物图

指纹门禁电路模块连接实物图如图 7-2 所示。

图 7-2　搭建指纹门禁电路模块连接实物图

（2）连接说明

指纹门禁电路各模块电源插口都连接 +5V 电源、GND 插口。

EDM002-AVR 主机模块 PA0~PA7 插口接 EDM606-12864 字符液晶模块 DB0~.DB7 插口。

EDM002-AVR 主机模块 PC0~PC7 插口接 EDM606-12864 字符液晶模块 RST~BL 插口。

EDM002-AVR 主机模块 PD0 插口接 EDM126-指纹识别模块 TXD 插口。

EDM002-AVR 主机模块 PD1 插口接 EDM126-指纹识别模块 RXD 插口。

EDM002-AVR 主机模块 PD2 插口接 EDM126-指纹识别模块 OUT 插口。

EDM002-AVR 主机模块 PB4~PB7 插口接 EDM406-4×4 键盘模块 COL1~COL4

插口。

EDM002-AVR 主机模块 PD4~PD7 插口接 EDM406-4×4 键盘模块 ROW1~ROW4 插口。

EDM002-AVR 主机模块 PB3 插口接 EDM504-蜂鸣器模 B1 插口。

EDM002-AVR 主机模块 PD3 插口接 EDM402-继电器模块 JK1 插口。

2. 指纹门禁电路调整与设置

（1）通电过程

接入 +5V 电源和 GND，将直流电压 +5V 加到指纹门禁模块电路，打开直流电压 +5V，对指纹门禁电路各模块进行供电。EDM606-12864 字符液晶模块中显示过程如图 7-3 所示，电路进入等待指纹测试状态。

（2）功能设置过程

1）密码设置。待机状态下，按 EDM406-4×4 键盘模块中 A（S₁₁）键后，EDM606-12864 字符液晶模块屏幕显示如图 7-4 所示。内容有"密码设置""录入指纹""时间设置"和"返回"。

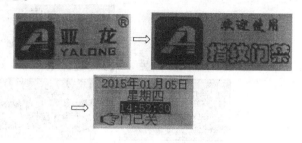

图 7-3　字符液晶模块中显示过程

其中字符液晶屏幕黑底显示的"密码设置"表示机器进入"密码设置"状态，此时按 F（S₁₆）键，屏幕显示为"请输入您旧的密码"，此时在 EDM406-4×4 键盘模块中数字"8"键按"888888"，再按 F（S₁₆）键确认，屏幕显示为"请输入您新的密码"。在 EDM406-4×4 键盘模块上输入新密码后并按 F（S₁₆）键确认后，屏幕下方会显示"保存成功"，而后，屏幕回到"密码设置"状态。这时表示密码设置成功。图 7-5 所示为指纹门禁电路"密码设置"流程。

图 7-4　按 A（S₁₁）键后液晶模块屏幕显示

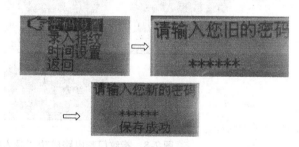

图 7-5　指纹门禁电路"密码设置"流程图

2）录入指纹。按 EDM406-4×4 键盘模块中 A（S₁₁）键，屏幕进入"录入指纹"状态，如图 7-6 所示。

按 F（S₁₆）键，屏幕显示为"请输入您的密码"，当密码输入正确并确认后，此时屏幕显示为"请放手指"，这时把需要录入系统指纹的手指按在 EDM126-指纹识别模块的 M₁ 模板上，然后屏幕显

图 7-6　液晶模块显示"录入指纹"状态

示为"正在录入不要移开手指",如果指纹采集成功,屏幕显示为"按 F 键保存",如图 7-7 所示。

如果指纹采集不成功,屏幕会显示"录入出错"后,返回到"录入指纹"状态,这时要重新按照"请输入您的密码"步骤开始进行。如果指纹采集成功,屏幕会显示"请再放手指",然后屏幕变成"正在录入不要移开手指",第二次采集指纹成功后,屏幕显示为"指纹录入成功",同时屏幕回到"录入指纹"状态。表示录入指纹成功。图 7-8 所示为指纹门禁电路成功"录入指纹"流程。该设备可以录入 5 种不同指纹,以备使用。

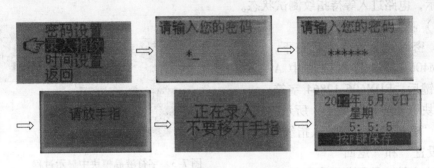

图 7-7 初始录入指纹过程

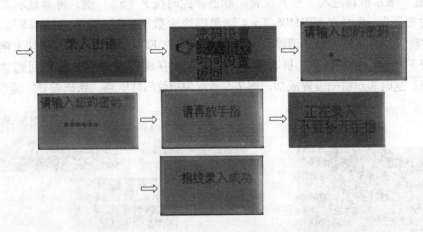

图 7-8 指纹门禁电路成功"录入指纹"流程图

3)时间设置。在待机状态时按 A(S_{11})键进入"时间设置"状态,按 F(S_{16})键确认,屏幕显示进入"年、月、日、星期、时、分、秒"设置状态。此时反复按 A(S_{11}):移位;B(S_{12}):+;C(S_{13}):−,分别将"年、月、日、星期、时、分、秒"设置,设置好后"按 F 键保存",同时屏幕回到"时间设置"状态。按 A 键到"返回"进行状态,按 F(S_{12})键确认,电路回到待机状态。图 7-9 所示为指纹门禁电路"时间设置"流程。

(3)指纹门禁电路工作过程

当指纹门禁电路设置成功后,进入待机工作状态,显示"门已关"。当将设置指纹

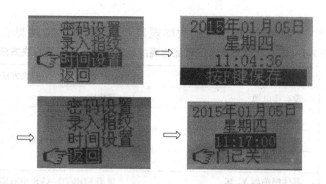

图7-9　指纹门禁电路"时间设置"流程图

的手指放到指纹检测模板上，屏幕上会显示"指纹输入"，如果指纹输入不成功，会显示"指纹错误"，返回到"门已关"状态。当指纹输入成功，会显示"指纹匹配"，接下来显示"门已开"，图7-10所示为指纹门禁电路工作过程。

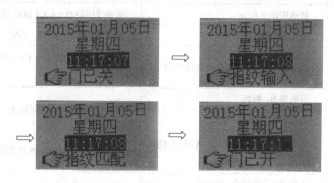

图7-10　指纹门禁电路工作过程

3. 指纹门禁电路的检测

（1）案例：EDM126-指纹识别模块故障

由于指纹门禁电路是由模块搭建而成的，因此可以根据电路检测的结果来判断出现故障的模块电路。可以用排除法来进行检测。

故障现象：把各模块按电路要求连接，加电。开机后EDM606-12864字符液晶显示模块有信号输出，根据操作顺序，将手指按在EDM126-指纹识别模块的 M_1 模板上，屏幕只显示"录入出错"，不能继续进行操作。

故障检测过程：经检查机器连线没有错误，且因为机器通电后能正确显示，也能重新设置密码，蜂鸣器也会发出声音提示，因此可以判定EDM002-AVR主机模块、EDM606-12864字符液晶显示模块、EDM406-4×4键盘模块和EDM504-蜂鸣器模块是正常的。

EDM402-继电器模块不影响指纹信号的录入，所以故障部位不在EDM402-继电器模块。

故障部位确定：在排除以上4个模块和无关联的1个模块后，则故障应该是落在EDM126-指纹识别模块上。

故障排除：置换良好的EDM126-指纹识别模块，所搭建的电路完全恢复了所有功能。

（2）搭建指纹门禁电路可能出现的故障现象、原因及解决方法见表 7-1

表 7-1　搭建指纹门禁电路可能出现的故障现象、原因及解决方法

故障现象	原　因	解决方法
字符液晶显示器屏幕没有显示	没有接电源	接电源
	电阻 R_6 阻值增大	置换 EDM606-12864 字符液晶显示模块
	晶体管 VT_4 的 c-e 开路	
	LCD_1 引脚 3 没有电压	
	晶体振荡器 Y_1 坏	置换 EDM002-AVR 主机模块
屏幕只显示"录入出错"，不能继续进行操作	M_1 模板坏	置换 EDM126-指纹识别模块
	晶体管 VT_1 坏	
	RXD、TXD 端口没有连线	重新连接 RXD、TXD 端口连线
	EDM126-指纹识别模块没有供电	重新给 EDM126-指纹识别模块供电
按微动按钮没有反应	微动按钮 S 损坏	置换 EDM406－4×4 键盘模块
	微处理器 IC_3 坏	置换 EDM002－AVR 主机模块
	EDM406-4×4 键盘模块连线错误	重新检查 EDM406－4×4 键盘模块连线并正确连接
蜂鸣器不响	蜂鸣器 B_1 损坏	置换 EDM504-蜂鸣器模块
	晶体管 VT_2 损坏	
	蜂鸣器没有与 EDM002-AVR 主机模块连线	重新检查 EDM504-蜂鸣器模块连线
门禁不受控制	电阻 R_5 阻值增大	置换 EDM402-继电器模块
	晶体管 VT_3 损坏	
	继电器 JK_1 损坏	
	接插件 J_1 损坏	

4. 绘制指纹门禁电路原理框图

根据图 7-1 所示指纹门禁电路原理图，绘制指纹门禁电路原理框图，如图 7-11 所示。

四、知识链接

（一）相关单元模块知识

1. EDM002-AVR 主机模块

EDM002 属于单片机电路模块之一。详细介绍见《电子产品模块电路及应用》第一册第 75 页。

2. EDM606-12864 字符液晶显示模块

EDM606 属于显示电路模块之一。详细介绍见《电子产品模块电路及应用》第一册第 54 页。

3. EDM406-4×4 键盘模块

EDM406 属于开关和驱动电路模块之一。详细介绍见《电子产品模块电路及应用》第一册第 110 页。

4. EDM126-指纹识别模块

（1）模块电路

EDM126-指纹识别模块电路如图 7-12 所示。

（2）模块实物

EDM126-指纹识别模块实物如图 7-13 所示。

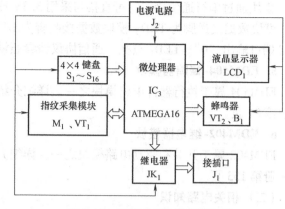

图 7-11　指纹门禁电路原理框图

（3）模块功能

EDM126-指纹识别模块接线端口说明如下。

TXD：模块串口信号输出端。

RXD：模块串口信号输入端。

OUT：感应电平信号变化输出端。

+5V：接 5V 电源正极。

GND：接电源负极（地）。

指纹识别模块是以高速 DSP 处理器为核心，结合光学指纹传感器，在无需上位机参与管理的情况下，具有指纹录入、图像处理、指纹比对、搜索和模板存储等功能。

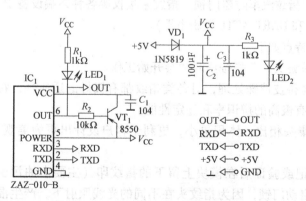

图 7-12　EDM126-指纹识别模块电路图

图 7-13　EDM126-指纹识别模块实物图

指纹处理包含两个过程：指纹登录过程和指纹匹配过程，其中指纹匹配分为指纹比对（1:1）和指纹搜索（1:N）两种方式。指纹登录时，对每一枚指纹录入 2 次，将 2 次录入的图像进行处理，合成模板存储于模块中。指纹匹配时，通过指纹传感器，录入要验证的指纹图像并进行处理，然后与模块中的指纹模板进行匹配（若与模块中指定的一个模板进行匹配，称为指纹比对方式，即 1:1 方式；若与多个模板进行匹配，称为指纹搜索方式，即 1:N 方式），模块给出匹配结果（通过或失败）。模块供电电源为

5V。模块通过串行通信接口，可直接与采用 3.3V 或者 5V 电源的单片机进行通信：

模块数据发送脚为 TXD，模块数据接收脚为 RXD。当有手指放在指纹识别窗口时，OUT 端口输出"0"，LED$_1$ 点亮。通信协议请参照模块用户手册。

5. EDM504-蜂鸣器模块

EDM504 属于执行器件电路模块之一。详细介绍见《电子产品模块电路及应用》第一册第 81 页。

6. EDM402-继电器模块

EDM402 属于开关和驱动电路模块之一。详细介绍见《电子产品模块电路及应用》第一册第 153 页。

（二）相关电路知识

（1）光学指纹模块 ZAZ-010-B

ZAZ-010-B 光学指纹模块是指昂公司推出的新一代光学指纹模块产品，该系列产品突破性地解决了目前行业内光学指纹识别模块存在的干手指适应性、产品一致性、产品体积与厚度三大难题：采集头表面经过特殊处理，有效解决光学传感器采集干手指适应性较差的问题；采集头元器件选择上率先采用特殊材料，彻底解决了传统玻璃三棱镜产品一致性较低的问题；光路设计和比对算法开发上取得的突破，解决了光学识别模块厚度较大，指纹类产品开发外观设计受限的问题。ZAZ-010-B 光学指纹模块由光学指纹传感器、高速 DSP 处理器、高性能指纹比对算法、超大容量的 FLASH 芯片等软硬件构成，性能稳定，功能完善，兼具指纹采集、指纹登记、指纹比对和指纹搜索等多种功能，是针对门禁考勤、保险箱（柜）、门锁等产品的使用特点设计、开发的高性价比指纹模块系列产品。其应用领域可嵌入到多类终端产品。ZAZ-010-B 指纹锁模块主要应用领域：指纹锁、指纹门禁楼宇、指纹考勤、指纹保险箱柜、指纹汽车防盗门锁、指纹采集仪等各种终端设备中。供电电源为 5V，通信接口支持 USB 和 UART（TTL 逻辑电平）。

ZAZ-010-B 活体指纹模块产品特点如下。

1）自动上电：人体激活指纹采集头，手指按压时才会开始工作。

2）适应性强：采集表面经过高科技特殊处理，对各类指纹都有极好的适应性，特别在对干手指的采集和比对上，具有极高的辨识率和稳定性能。

3）体积小巧：与市场上的采集头相比，体积更小，更利于客户设计出更为美观、新颖的产品。

4）残留指纹：是指指纹在登记或验证后在模块上留下的指纹印（主要由油污引起），而我们的指纹模块，是不能启动门锁，因为指纹头在不同的光线照射下，产生混乱的指纹印，所以门锁都不能自动开关锁。

5）超低功耗：产品整体功耗极低，同时提供休眠控制接口，适用于低功耗要求的场合。

6）抗静电能力强：具有很强的抗静电能力，抗静电指标达到 15kV 以上

7）应用开发简单：开发者可根据提供的控制指令，自行开发指纹应用产品，无需具备专业的指纹识别知识。

8）安全等级可调：适用于不同的应用场合，安全等级可由用户设定调整。

（2）CCD 图像传感器

光学式指纹模块 ZAZ-010-B 的核心器件是 CCD 图像传感器，又称电荷耦合器，是一种新型的半导体传感器器件。CCD 图像传感器由一种高感光度的半导体材料组成，能把光线转变为电荷，具有高分辨率、高灵敏度和较宽的动态范围等特点，应用范围非常广泛，指纹识别器是其应用中的一种。

CCD 图像传感器是指按一定规律排列的 MOS 电容器，其芯片构造如图 7-14 所示。在 P 型或 N 型衬底上生成一层很薄的二氧化硅，再在二氧化硅薄层上依序沉积金属或掺杂多晶硅电极（栅极），形成规则的 MOS 电容阵列，再加上两端的输入及输出二极管，就构成了 CCD 芯片。

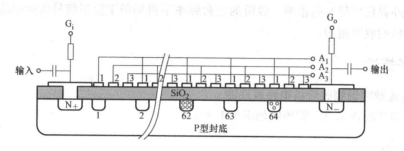

图 7-14　CCD 芯片构造

物体反射光线照射到 CCD 图像传感器上，CCD 根据光线的强弱积聚相应的电荷，从而产生与光电荷量成正比的弱电压信号，经过滤波、放大处理、通过驱动电路输出一个能表示敏感物体光强弱的电信号。

工作任务八　搭建数字调频收音机电路

一、任务名称

数字调频收音机是通过数字传输技术来工作的，通过接收数字广播电台的信号来收听数字传输技术所传输的声音，其效果让人震撼，具有高清质感，而且它所接收的信号几乎不受外界任何信号的影响。收听的电台频率不再局限于模拟信号的频率范围内，扩大了收音机的收听范围。

二、任务描述

1. 搭建数字调频收音机电路原理图

数字调频收音机电路原理图如图 8-1 所示。

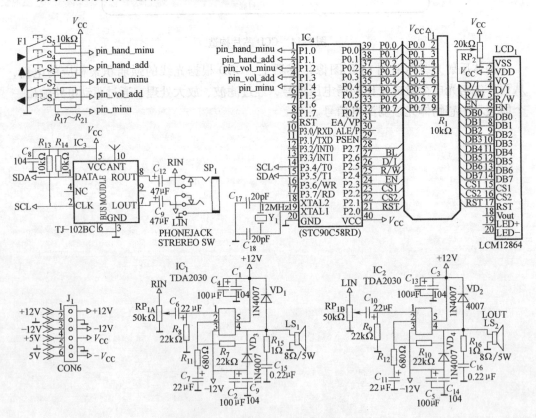

图 8-1　数字调频收音机电路原理图

2. 搭建数字调频收音机电路模块

根据图 8-1 所示数字调频收音机电路原理图可知，该电路由以下模块组成：

EDM001-MCS51 主机模块、EDM606 -12864 点阵液晶模块、EDM304-FM 接收模块、EDM202-音频功放模块、EDM403-8 位独立按键模块和 2 块 EDM503-扬声器模块。

3. 数字调频收音机电路工作原理

（1）数字调频收音机电路功能

数字调频收音机电路可以接收数字广播电台的数字广播信号，通过左、右声道扬声器发出双声道声音。根据图 8-1 所示的电路原理图，EDM403-8 位独立按键模块按键使用操作如下。

► （S_4）键：调频频率增加。

◄ （S_1）键：调频频率减小。

▲ （S_3）键：音量增加。

▼ （S_2）键：音量减小。

F_1（S_5）键：关闭声音。

数字调频收音机电路接收最高频率为 108.0MHz，如图 8-2 所示。

图 8-2　接收最高频率为 108.0MHz

数字调频收音机电路接收最低频率为 87.5MHz，如图 8-3 所示。

搜索按键的步进频率为 0.1MHz。该数字调频收音机电路最高输出的音量可达 87dB，如图 8-2 所示。

该数字调频收音机电路输出音量最小为 0dB，如图 8-3 所示。

（2）数字调频收音机电路工作过程

数字调频收音机电路各模块连接好后，接通 5V 电源后，EDM606 -12864 点阵液晶模块液晶屏显示如图 8-4a、b 所示。

图 8-3　接收最低频率为 87.5MHz

EDM304-FM 接收模块的天线可以接收无线调频信号，按下 EDM403-8 位独立按键模块▶（S_4）键，把要求搜索电台的信号送入微处理器 IC_4（EDM001-MCS51 主机模块）引脚 2，微处理器 IC_4 已经写入了数字调频收音机电路的程序，由微处理器 IC_4 引脚 14 发出搜索时钟 SCL 信号，时钟 SCL 信号进入 EDM304-FM 接收模块 IC_3 引脚 2，使得 IC_3 开始搜索调频电台并使接收信号频率增加。如图 8-5 所示，在 98.8MHz 时 IC_3 引脚 10 的天线收到调频电台信号，由 IC_3 内进行处理，并由锁相环电路发出 SDA 相关数据，数据由 IC_3 引脚 1 送回 IC_4 引脚 15，IC_4 根据这一数据，从 IC_4 引脚 21～26 和引脚 32～39 送出信号到 EDM606-12864 点阵液晶模块 LCD_1 引脚 4～17，引脚 21 接电阻 R_{22}，控制点阵液晶模块 LCD_1 的亮度。另外 IC_3 内也根据锁相环电路发出的

a)

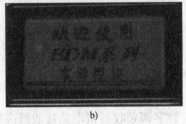

b)

图 8-4 通电后液晶屏显示

SDA 数据进行解调与鉴频解码，由 IC_3 引脚 8、9 输出左右立体声信号，经电容器 C_{12}、C_9 和立体声插孔 SP_1 后，再分别送到 EDM202-音频功放模块音量电位器 RP_1，由音量电位器 RP_1 调节信号的强弱，经电容器 C_6 和 C_{10} 再分别送入 IC_1、IC_2 的引脚 1 进行功率放大，由引脚 4 输出信号驱动 2 块 EDM503-扬声器模块左右扬声器发出声音。

图 8-5 数字调频收音机接收信号时的状态

同样道理按下 EDM403-8 位独立按键模块◀（S_1）键，手动搜索调频电台减少，按下▲（S_3）键，手动增加音量，按下▼（S_2）键，手动减少音量，按下 F_1 键，手动控制调频音量处于静音状态。

三、任务完成

1. 数字调频收音机模块电路连接

（1）数字调频收音机电路连接实物图

数字调频收音机电路连接实物如图 8-6 所示。

图 8-6 数字调频收音机电路连接实物图

（2）连接说明

数字调频收音机电路各模块电源插口都连接 5V 电源、GND。

EDM001-MCS51 主机模块 P0.0 ~ P0.7 插口接 EDM606-12864 点阵液晶模块 DB0 ~ DB7 插口。

EDM001-MCS51 主机模块 P2.0 ~ P2.5 插口接 EDM606-12864 点阵液晶模块 RST ~ D/I 插口。

EDM001-MCS51 主机模块 P1.0 ~ P1.4 插口接 EDM403-8 位独立按键模块 ◀ ~ F1 插口。

EDM001-MCS51 主机模块 P3.5 插口接 EDM304-FM 接收模块 DATA 插口。

EDM001-MCS51 主机模块 P3.4 插口接 EDM304-FM 接收模块 CLK 插口。

EDM304-FM 接收模块的 ROUT 插口接 EDM202-音频功放模块 RIN 插口。

EDM304-FM 接收模块的 LOUT 插口接 EDM202-音频功放模块 LIN 插口。

EDM503-扬声器模块 1 的 SP + 插口接 EDM304-FM 接收模块 LOUT 插口。

EDM503-扬声器模块 2 的 SP-插口接 EDM304-FM 接收模块 ROUT 插口。

EDM304-FM 接收模块的 ANT 插口任意接一根线作为天线。

EDM503-扬声器模块 1、2 的 SP-插口接地。

2. 数字调频收音机电路调整与测量

将搭建好的模块接通电源，此时 EDM606-12864 点阵液晶模块屏幕显示"欢迎使用 EDM 系列实验模块"，在搜索数字调频电台信号时，液晶屏的第四行有一条搜索调频 FM 电台的进度条，由白变黑，全变黑后代表搜索电台完成，此时屏幕变成"★亚龙科技★、调频 FM、098.8MHz、◖60187"，具体变化过程如图 8-7 所示。

3. 数字调频收音机电路检测

（1）案例：EDM304-FM 接收模块故障

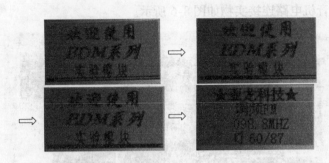

图 8-7　搜索调频 FM 电台的状态

　　由于数字调频收音机电路是由模块搭建而成的，因此可以根据电路检测的结果来判断出现故障的模块电路，可以用排除法来进行检测。

　　故障现象：把各模块按电路要求连接，加电后虽然 EDM606-12864 点阵液晶模块屏幕能闪出提示，但最终未能显示电台的频率和声音的响度，也没有电台的声音。

　　故障检测过程：加电后，EDM606-12864 点阵液晶模块在屏幕能闪出提示，因此确定不是点阵液晶模块损坏。EDM202-音频功放模块、EDM403-8 位独立按键模块和 2 块 EDM503-扬声器模块因与故障现象联系不大，所以判定也是完好。最有可能是 EDM001-MCS51 主机模块和 EDM304-FM 接收模块损坏，置换 EDM001-MCS51 主机模块后故障依旧。

　　故障部位确定：所以 EDM304-FM 接收模块损坏几率较大。

　　故障排除：置换 EDM304-FM 接收模块后，搭建的数字调频收音机电路能正常接收调频广播电台的信号，EDM606-12864 点阵液晶模块屏幕也能正常显示。

　　（2）搭建数字调频收音机电路可能出现的故障现象、原因及解决方法见表 8-1

表 8-1　搭建数字调频收音机电路可能出现的故障现象、原因及解决方法

故障现象	原　因	解决方法
没有收到电台信号	微处理器 IC_4 损坏	置换 EDM001-MCS51 主机模块
	晶体谐振器 Y_1 损坏	
	集成块 IC_3 损坏	置换 EDM304-FM 接收模块
	SP_1 立体声插头损坏	
	位器 RP_1 损坏	置换 EDM202-音频功放模块
左（右）声道没有声音	功放集成 $IC_2(IC_2)$ 损坏	置换 EDM202-音频功放模块
	电位器 $RP_{1B}(RP_{1A})$ 损坏	
	扬声器 $LS_2(LS_1)$ 损坏	置换 EDM503-扬声器模块
液晶显示器没有显示	LCD_1 液晶显示器没有上电	检查并加电 LCD_1 液晶显示器
	LCD_1 液晶显示器损坏	置换 EDM606-12864 点阵液晶模块
	电位器 RP_2 损坏	

4. 绘制数字调频收音机电路原理框图

　　根据图 8-1 所示的数字调频收音机电路原理图，绘制数字收音机电路原理框图，如图 8-8 所示。

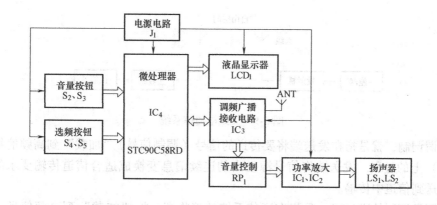

图 8-8　数字调频收音机电路原理框图

四、知识链接

（一）相关单元模块知识

1. EDM001-MCS51 主机模块

EDM001 属于单片机电路模块之一。详细介绍见《电子产品模块电路及应用》第一册第 51 页。

2. EDM606-12864 点阵液晶模块

EDM606 属于显示电路模块之一。详细介绍见《电子产品模块电路及应用》第一册第 54 页。

3. EDM304-FM 接收模块

EDM304 属于接口及其他电路模块之一。详细介绍见《电子产品模块电路及应用》第一册第 145 页。

4. EDM202-音频功放模块

EDM202 属于信号采样处理电路模块之一，详细介绍见《电子产品模块电路及应用》第一册第 142 页。

5. EDM403-8 位独立按键模块

EDM403 属于信号处理电路模块之一，详细介绍见《电子产品模块电路及应用》第一册第 56 页。

6. EDM503-扬声器模块

EDM503 属于执行器件电路模块之一，详细介绍见《电子产品模块电路及应用》第一册第 59 页。

（二）相关电路知识

1. 无线电通信系统

无线电通信系统通常由三大部分组成：发射设备、接收设备及自由空间，如图 8-9 所示。

发送端需要对发送的信号调制，接收端必须要解调还原信号。

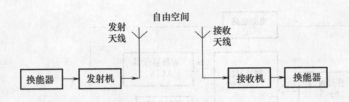

图 8-9　无线电通信系统

所谓调制，就是指在发送端将要传送的信号（调制信号）"加载"到高频信号（载波信号）上的过程。发送端将信号源发出的连续信息变换成适合信道传输要求的已调信号，送到信道中传输。

解调是调制的逆过程，是指在通信系统的接收端，将"加载"到高频信号（载波信号）上的传送的信号（调制信号）"卸载"的过程。信号传送至对方接收端时，再经过反变换，将已调信号解调，还原成原来的信息。

调制与解调是通信系统中十分重要的环节。例如声音的无线传输过程，模拟通信系统如图 8-10 所示。

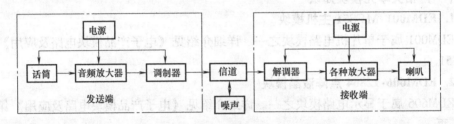

图 8-10　模拟通信系统

发送系统应包括四个组成部分：音频电路部分——声音的变换与放大部分，其工作频率比较低；高频电路部分——高频振荡的产生、放大与调制；传输线与天线电路部分；电源电路部分。

接收系统也包括四个组成部分：各种放大电路部分——中频放大，以及音频放大，其中，音频放大部分，其工作频率比较低；高频电路部分——高频振荡的产生、放大与解调；传输线与天线电路部分；电源电路部分。

发送端调制的方式有三种：调幅、调频、调相。对应接收端的解调方式也有三种：检波、鉴频、鉴相。

调制信号控制载波信号的幅度，为幅度调制；调制信号控制载波信号的频率，为频率调制；调制信号控制载波信号的相位，为相位调制。

2. 调幅与检波

（1）调幅

如图 8-11 所示为调幅波变化过程。振荡器发出的等幅高频正弦振荡波形称为载波（图 8-11a），音频信号（图 8-11b）为待传送的调制信号，已调波（图 8-11c）为高频信号的幅度随音频信号的幅度变化而变化的信号。等幅高频正弦振荡波形（图 8-11a）的幅度随音频信号（图 8-11b）的瞬时值变化而变化，但频率不变。

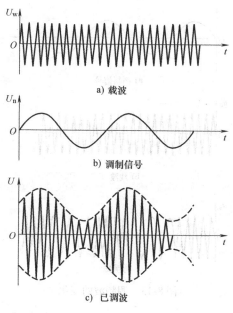

图 8-11　调幅波变化过程

（2）检波

检波是在接收机里把已调波还原为真实的低频被调制信号，完成这一功能的电路被称为检波电路。检波电路是调幅波的解调电路，一般由二极管和电容组成，调幅波的解调过程如图 8-12 所示。

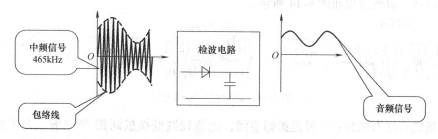

图 8-12　调幅波的解调过程

接收机的中频信号是 465kHz，而人耳的听觉范围约在 20Hz ~ 20kHz 之间。所以必须将中频里的音频调制信号（即已调波的包络线）检取出来，将中频载波去掉。

3. 调频与鉴频

（1）调频

调频波的变化如图 8-13 所示。

调频是指载波的频率按音频调制信号的幅度变化而变化。当音频调制信号（图 8-13a）幅度的瞬时值为零时，载波（图 8-13b）的振荡频率保持为原来数值 f_c，f_c 称为中心频率或载频。调频波（图 8-13c）频率的高、低与音频调制信号的大小有关，调制信号的幅度愈大，调频波频率愈高，反之愈低，即调频波频率将以载波为中心产生高、低的变化。但载波的振幅是恒定不变的。

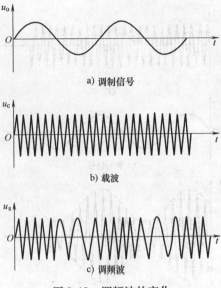

a) 调制信号

b) 载波

c) 调频波

图 8-13　调频波的变化

实现调频的方法有直接调频和间接调频两种。直接调频是指用调制信号直接控制振荡器的振荡频率。直接调频电路亦称调频振荡器，常用的直接调频电路是变容二极管调频电路。

（2）鉴频

鉴频，即调频信号的解调，称为频率检波，简称鉴频。其作用是从调频波中检出低频调制信号。解调过程如图 8-14 所示。

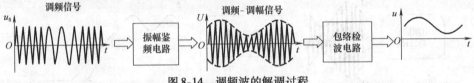

图 8-14　调频波的解调过程

鉴频的方法有两种：一种是振幅鉴频，把调频波变换成调频-调幅波，再采用包络检波电路检出低频调制信号；另一种是相位鉴频，把调频波变换成调频-调相波，再采用相位检波电路检出低频调制信号。

4. 调谐器

调谐器的主要任务是接收广播电台发送的调幅广播或调频广播信号。

调谐器的电路组成包括调幅 AM（中波 MW 和短波 SW）接收电路、调频 FM 接收电路及辅助电路。如图 8-15 所示为带调谐器的接收器电路结构框图。图中虚线将电路分成 3 部分：上部左边为调幅接收电路，由天线、中波输入调谐回路、短波输入调谐回路、变频电路、中放电路和检波电路组成；下部为调频接收电路，由调频头电路、中放电路、鉴频电路、立体声解码电路和去加重电路组成；上部的右边为辅助电路，由电源电路、指示电路组成。

5. 数字调谐器

随着微电子技术的发展，尤其是数字电子技术和微电脑技术在音响领域的得到了广

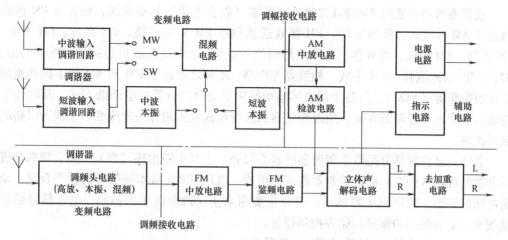

图 8-15　带调谐器的接收器电路结构框图

泛应用。近年来，在现代收音机、录音机、中高档组合音响和带调谐器的 AV 功放等音响设备中，普遍设置有采用锁相环路技术与微电脑控制技术相结合的数字调谐系统（DTS，Digital Tuning System）。它是一种新颖的音响辅助电路，也是一种新颖的电子调谐装置。

数字调谐系统（DTS）采用锁相环频率合成技术和微电脑控制技术，用晶体振荡器作为本频率的数字振荡源，用变容二极管代替各个调谐回路中的可变电容器。

数字调谐接收机是在性能较好的调幅/调频接收机电路基础上而实现的。数字调谐接收机一般由收音通道和数字调谐控制两部分组成，组成框图如图 8-16 所示。

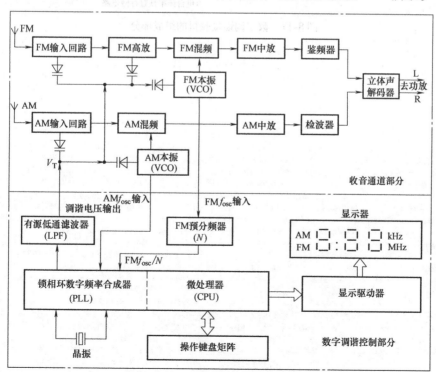

图 8-16　数字调谐接收机组成框图

收音通道与普通的 AM/FM 立体声调谐器（收音电路）基本相同，也是由 FM 接收通道和 AM 接收通道所组成的。FM 接收通道包括 FM 输入回路、FM 高放、FM 本振、FM 混频、FM 中放、鉴频器、立体声解码器等电路；AM 接收通道包括 AM 输入回路、AM 本振、AM 混频、AM 中放、检波器等电路。不同之处在于 FM 和 AM 的本振都使用了压控振荡器（VCO），且各个调谐回路均使用了变容二极管的电调谐方式，其取代了传统的可变电容器调谐方式，用改变变容二极管反偏电压的方法来改变各个调谐回路的谐振频率。

数字调谐控制部分是数字调谐器的核心部分，主要由锁相环（PLL）数字频率合成器和微处理器（CPU）调谐控制器两部分组成。PLL 用来完成本振信号的频率合成、调谐电压的输出、数字频率的显示；CPU 主要用来实现调谐电压的控制、电台信号的自动搜索、电台频率的预置存储等控制任务。

上述电路组成情况可归纳如图 8-17 所示。

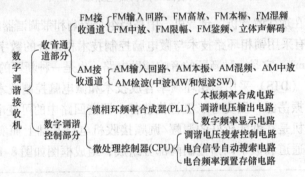

图 8-17　数字调谐接收机的组成部分

工作任务九 搭建视频监控电路

一、任务名称

视频监控的目的是确保群众正常的工作和生活，保证人身的安全。视频监控电路采用摄像头采集图像，把采集到的图像直接显示到彩屏上，这样可以对周围环境直接进行观察，该电路简单、实用、费用少。电路模块在连接时需要注意，连接摄像头的数据线和控制线尽量要短，这样才能减少干扰，彩屏上才有清晰的图像。

二、任务描述

1. 搭建视频监控电路原理图

视频监控电路原理图如图 9-1 所示。

2. 视频监控电路模块配置

根据图 9-1 所示视频监控电路原理图可知，该电路由以下模块组成：

EDM315-固定直流稳压电源模块、EDM603-STM32 主机模块、EDM609-TFT 显示屏模块和 EDM125-数字摄像头模块。

3. 视频监控电路工作原理

（1）视频监控电路功能

该视频监控电路能够用数字摄像头拍摄前面的景物，数字摄像头可以 0°～180°水平转动，自动放大拍摄景物的画面。数字摄像头拍摄的画面信号，由显示屏显示出来，这样就可以对周围环境进行监控。图 9-2 所示是由 EDM125-数字摄像头拍摄景物，在 EDM610-TFT 显示屏上显示图像。

（2）视频监控电路工作过程

按图 9-1 所示视频监控电路原理图将模块电路连接好以后，正确接入电源。EDM125-数字摄像头模块的摄像头开始以 0°～180°水平转动进行拍摄，通过 JV_1（OV7670）把图像转换为图像信号 AD0～AD7 和控制信号 PCLK、RCLK。图像信号和控制信号从引脚 16～9 和引脚 8、7 传送到 IC_3（AL422B）引脚 1～4、11～14 和 9、20，由 IC_3（AL422B）形成 1 帧图像数字信号 DO0～DO7 从引脚 29～25 送到微处理器 IC_4 引脚 14～23，由于微处理器 IC_4 已经写入了图像处理的相关程序，IC_4 把这 1 帧图像信号转换为能在 IC_2（TFT）屏幕上显示的图像信号 D0～D15，并由引脚 26～28、55～62 和 29～36 输出送入 IC_2 的 D0～D15，同时微处理器 IC_4 引脚 39～40、51～53 和 2 输出控制图像信号 CS、RS、WR、RD、RESET、BL 给 IC_2（TFT）显示屏模块，使 IC_2 显示屏能够正常按照摄像头 JV_1 拍摄的图像进行显示。微处理器 IC_4 引脚 8～10 输出控制信号 SDA、SCL 和 VSYNC 给 JV_1 引脚 3、4、6，控制摄像头的扫描和同步，使 TFT 屏幕上显示的图像与拍摄的图像信号同步。微处理器 IC_4 引脚 38 输出 WEN 信号到 IC_1 引脚 1，与引脚 2 来自 JV_1 引脚 5 的 HREF 信号组成正与信号，使 IC_1 引脚 4 输出 $\overline{WE}$ 信号（低电平）到 IC_3 引脚 5，使 IC_3 引脚 1～4、11～14 能够写入由 JV_1 引脚 16～9 输出

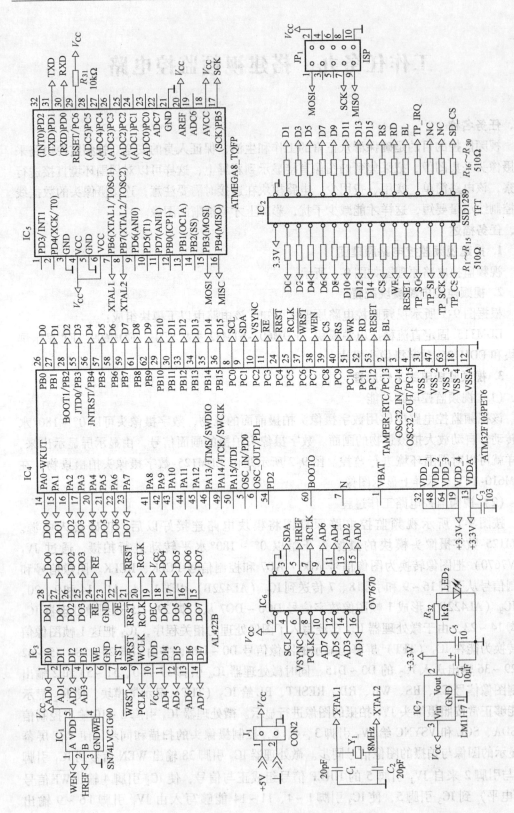

图 9-1 视频监控电路原理图

图 9-2 EDM610-TFT 显示屏上显示 EDM125-数字摄像头拍摄景物的图像

AD0 ~ AD7 摄像头的图像信号。微处理器 IC_4 引脚 11、24 ~ 25、37 输出 $\overline{RE}$、$\overline{RRST}$、RCLK 和 $\overline{WRST}$ 控制信号给 IC_3 引脚 24、21 ~ 20 和 8，对 IC_3 处理图像进行控制。

三、任务完成

1. 视频监控电路模块连接

（1）视频监控电路模块实物图

视频监控电路模块实物如图 9-3 所示。

图 9-3 视频监控电路连接实物图

（2）连接说明

由 EDM315-固定直流稳压电源模块供电，EDM315 提供 +3V 电源给 EDM125-数字摄像头模块，EDM315 提供 +5V 电源给 EDM003-STM32 主机模块和 EDM610-TFT 显示屏模块。

EDM003-STM32 主机模块 PB0 ~ PB15 插口接 EDM610-TFT 显示屏模块 D0 ~ D15

插口。

　　EDM003-STM32 主机模块 PC8 ~ PC13 插口接 EDM610-TFT 显示屏模块 CS ~ BL 插口。

　　EDM003-STM32 主机模块 PA0 ~ PA7 插口接 EDM125-数字摄像头模块 DO0 ~ DO7 插口。

　　EDM003-STM32 主机模块 PC0 ~ PC7 插口接 EDM125-数字摄像头模块 SCL ~ WEN 插口。

2. 视频监控电路的检测

　　（1）案例：EDM125-数字摄像头模块故障

　　由于视频监控电路是由模块搭建而成的，因此可以根据电路检测的结果来判断出现故障的模块电路。可以用排除法来进行检测。

　　故障现象：把各模块按电路要求连接，加电。EDM610-TFT 显示屏模块没有任何图像显示。

　　故障检测过程：经检查机器连线没有错误，影响 EDM610-TFT 显示屏模块正常显示只能是 EDM003-STM32 主机模块、EDM610-TFT 显示屏模块和 EDM125-数字摄像头模块本身。置换 EDM003-STM32 主机模块故障依旧，置换 EDM610-TFT 显示屏模块故障也依旧。

　　故障部位确定：EDM125-数字摄像头模块故障。

　　故障排除：置换 EDM125-数字摄像头模块，EDM610-TFT 显示屏模块的 TFT 显示屏已能显示摄像头拍摄的图像。

　　（2）搭建视频监控电路可能出现的故障现象、原因及解决方法如表 9-1 所示。

表 9-1　搭建视频监控电路可能出现的故障现象、原因及解决方法

故障现象	原　因	解决方法
显示屏没有任何图像显示	微处理器 IC_3 损坏	置换 EDM003-STM32 主机模块
	晶体谐振器 Y_1 损坏	
	IC_6 损坏	置换 EDM125-数字摄像头模块
	IC_1 损坏	
	IC_4 损坏	
	IC_5 损坏	
	IC_2 损坏	置换 EDM610-TFT 显示屏模块

3. 绘制视频监控电路框图

　　根据图 9-1 所示视频监控电路原理图，画出视频监控电路原理框图，如图 9-4 所示。

四、知识链接

（一）相关单元模块知识

1. EDM315-固定直流稳压电源模块

EDM315-固定直流稳压电源模块属于接口及其他模块之一。该模块见工作任务二中

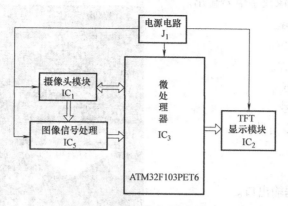

图 9-4　视频监控电路原理框图

介绍。

2. EDM003-STM32 主机模块

EDM003-STM32 主机模块属于单片机电路模块之一。该模块见工作任务一中介绍。

3. EDM125-数字摄像头模块

EDM125 属于传感器电路模块之一。

（1）模块电路

EDM125-数字摄像头模块电路如图 9-5 所示。

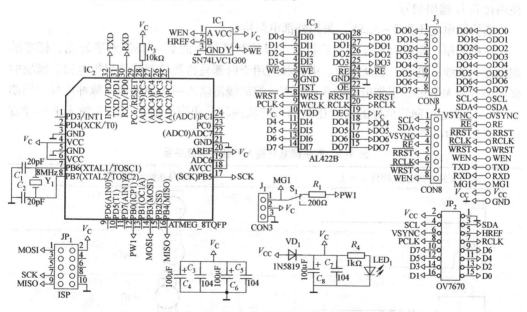

图 9-5　EDM125-数字摄像头模块电路图

（2）模块实物

EDM125-数字摄像头模块实物如图 9-6 所示。

（3）模块功能

EDM125-数字摄像头模块接线端口说明如下。

DO0 ~ DO7：图像数字信号输出。

WEN：写入使能。

WRST：写入复位。

RCLK：读入时钟。

RRST：读入复位。

RE：读使能信号。

VSYNC：场同步信号。

SDA：串口数据。

SCL：串口时钟。

TXD：通信数据输出口。

RXD：通信数据输入口。

MG1：电动机转动信息数据方向。

+3.3V：接 3.3V 电源正极。

V_{CC}：接 5V 电源正极。

GND：接电源负极（地）。

图 9-6　EDM125-数字摄像头模块实物图

排插 J_3 输出功能与 DO0 ~ DO7 插口相同，在 DO0 ~ DO7 插口输出信号时，可直接使用排插 J_3 输出信号。

排插 J_4 输出功能与 SCL ~ WEN 插口相同，在 SCL ~ WEN 插口输出信号时，可直接使用排插 J_4 输出信号。

模块供电电压为 3 ~ 5.5V，采用外部电源供电。

舵机控制：模块上装有一个舵机，可以控制摄像头的 0° ~ 180° 水平转动。标准的舵机有 3 条线：电源、地及控制。电源和地用于内部马达及控制线路提供电源。模块的多级型号为 MG995，工作电压为 3 ~ 7.2V。控制线需输入一个周期性正脉冲信号，周期为 20ms。通过控制器信号的占空比来调节舵机的转动角度。舵机伺服与输入下脉冲宽度关系如表 9-2 所示。

表 9-2　舵机伺服与输入下脉冲宽度关系

输入正脉冲宽度（周期为 20ms）	伺服马达输出臂位置
0.5ms	≈ −90°
1.0ms	≈ −45°
1.5ms	≈ 0°
2.0ms	≈ 45°
2.5ms	≈ 90°

本模块的舵机控制方式有 2 种，一种是 PWM 直接控制，一种是串口控制。

1）PWM 直接控制。首先把 S_1 拨到 PWM 位置，选择 PWM 直接控制舵机。在 MG1 端直接输入一个周期为 20ms 的方波就可控制舵机角度。

2）串口控制。模块电路采用 ATmega8 作为舵机控制器，串口波特率为 4800。每一个命令为 4 个字节，第一个字节为 0xc3，第二个字节为 0x01，第三个字节为角度控制字节，范围为 0~0xb4，第四字节为 0xcc。比如要舵机转到 90°位置，只需发送：0xc3，0x01，0x5a，0xcc。

数字摄像头电路：OV7670 是图像传感器，体积小，工作电压低，提供单片 VGA 摄像头和影像处理器的所有功能。通过 SCCB 总线控制，可以输入整帧、子采样、取窗口等方式的各种分辨率 8 位影像数据。该产品 VGA 图像最高达到 30 帧/秒。用户可以完全控制图像质量、数据格式和传输方式。所有图像处理功能过程包括伽玛曲线、白平衡、饱和度、色度等，并且都可以通过 SCCB 接口编程。AL422B 是一种视频帧存储器，存储容量为 384k×8bits，存储器结构为先进先出（FIFO），其接口非常简单，通过接口存储采样图像数据。通过单片机读取图像数据。

4. EDM610-TFT 显示屏模块

EDM610-TFT 显示屏模块属于信号处理电路模块之一。

（1）模块电路

EDM610-TFT 显示屏模块电路如图 9-7 所示。

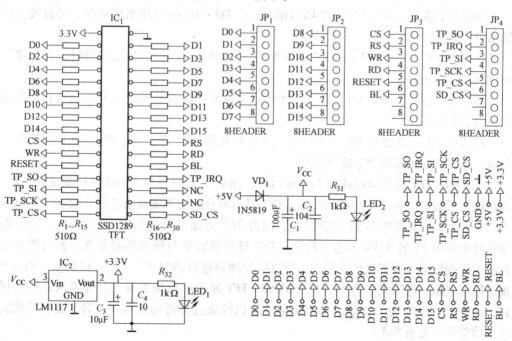

图 9-7　EDM610-TFT 显示屏模块电路图

（2）模块实物

EDM610-TFT 显示屏模块实物如图 9-8 所示。

（3）模块功能

EDM610-TFT 显示屏模块接线端口说明如下。

D0 ~ D15：16 位数据口。

CS：片选信号。

RS：命令/数据选择。

WR：写控制信号。

RD：读控制信号。

RESET：液晶复位信号。

BL：液晶亮度控制。

TP_ SO：串行接口，时钟下降沿数据移出。

TP_ IRQ：中断输出。

TP_ SI：串行接口，时钟上升沿数据移进。

TP_ SCK：外部时钟输入。

图 9-8   EDM610-TFT 显示屏模块实物图

TP_ CS：片选信号。

SD_ CS：片选信号。

3.3V：接 3.3V 电源正极。

+5V：接 5V 电源正极。

GND：接电源负极（地）。

排插 JP$_1$ 输出功能与 D0 ~ D7 插口相同，在 D0 ~ D7 插口输出信号时，可直接使用排插 JP$_1$ 输出信号。

排插 JP$_2$ 输出功能与 D8 ~ D15 插口相同，在 D8 ~ D15 插口输出信号时，可直接使用排插 JP$_2$ 输出信号。

排插 JP$_3$ 输出功能与 CS ~ BL 插口相同，在 CS ~ BL 插口输出信号时，可直接使用排插 JP$_3$ 输出信号。

排插 JP$_4$ 输出功能与 TP_ SO ~ SD_ CS 插口相同，在 TP_ SO ~ SD_ CS 插口输出信号时，可直接使用排插 JP$_4$ 输出信号。

EDM609-TFT 显示屏模块的 TFT 显示屏和驱动（控制器为 SSD1289）集成在一起，就可以显示数字、中英文字符和图案，TFT 显示屏显示的图案是彩色的。模块工作电压为 4.5 ~ 5.5V，采用外部 5V 电源供电。因为 TFT 液晶屏要采用 3V 电源供电，所以模块电路中采用 5V 转 3.3V 的电平转换。TFT 显示屏需要与微处理器相连，但与微处理器相连的端口不可设置为推挽模式，所以微处理器连接端口 PT$_1$ ~ PT$_{15}$ 和 PT$_{21}$ ~ PT$_{35}$ 上加了限流电阻，电阻大小为 510Ω。EDM609-TFT 显示屏模块设有与其他模块连接的接口，其中 JP$_1$ ~ JP$_4$ 为 TFT 显示屏模块与单片机模块连接的输出端口。TFT 显示屏模块端口功能说明见表 9-3。

（二）相关电路知识

1. 器件知识

（1）集成块 AL422B

集成块 AL422B 是一种视频帧存储器，存储容量为 384k ×8bits，是一款先进先出

表 9-3　**TFT 显示屏模块端口功能说明**

TFT 显示屏	功能说明	
GND	电源负极	液晶屏与背光供电
V_{CC}	电源正极	
D0 ~ D7,D8 ~ D15	16 位数据口	液晶屏部分
RS	命令/数据选择,RS =0 时可读/写命令, RS =1 时不可以读/写命令	
BK_EN	液晶背光控制,BK_EN =0 关背光, BK_EN =1 点亮背光	
WR	写控制信号	
RD	读控制信号	
CS	片选信号	
RESET	液晶复位信号	
TP_CLK	外部时钟输入	触摸控制部分
TP_CS	片选信号	
TP_SI	串行接口引脚,在时钟上升沿数据移进	
TP_BUSY	忙指示,低电平有效	
TP_SO	串行接口引脚,在时钟下降沿数据移出	
TP_IRQ	中断输出	
SD_OUT	串行数据输出	SD 卡座部分
SD_SCK	始终部分	
SD_DIN	串行数据输入	
SD_CS	片选信号	

（FIFO）存储器,其接口非常简单。目前 1 帧图像信息通常包含 640 × 480 或 720 × 480 字节,很多视频存储器由于容量有限只能存储 1 场图像信息,无法存储 1 帧图像信息。AL422B 容量很大,可以存储 1 帧图像的完整信息,工作频率可达 50MHz,该芯片的主要特点如下。

1）存储体为 384k × 8bits FIFO。

2）支持 VGA、CCIR、NTSC、PAL 和 HDTV 分辨率。

3）独立的读/写操作（可接受不同的 I/O 数据率）。

4）高速异步串行存取。

5）读写周期时钟为 20ns。

6）存取时间为 15ns。

7）内部 DRAM 自行刷新数据。

8）输出使能控制。

9）工作电压可为 5V 或 3.3V。

10）标准 29 引脚 SOP 封装。

AL422B 引脚排列如图 9-9 所示。

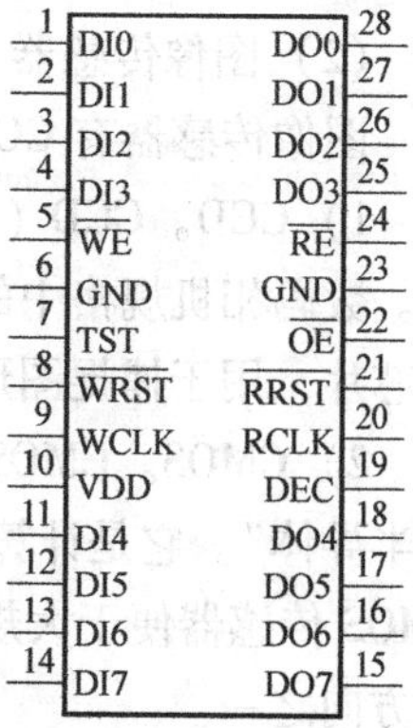

图 9-9　AL422B 引脚排列

AL422B 引脚功能见表 9-4。

表 9-4　AL422B 引脚功能

引脚	名称	I/O 方式	功能
1～4,11～14	DI0～DI7	输入	数据输入
9	WCLK	输入	写入时钟
5	$\overline{WE}$	输入(低电平有效)	写入使能
8	$\overline{WRST}$	输入(低电平有效)	写入复位
28～25,18～15	DO0～DO7	输出(三态)	数据输出
20	RCLK	输入	读入时钟
24	$\overline{RE}$	输入(低电平有效)	读入使能
21	$\overline{RRST}$	输入(低电平有效)	读入复位
22	$\overline{OE}$	输入(低电平有效)	输出使能
7	TST	输入	测试点
10	VDD		5V 或 3.3V
18	DEC/VDD		退耦电容接入
6,23	GND		地

　　FIFO 先进先出存储器是一种先进先出的数据缓存器，没有外部读写地址线，但只能顺序写入、读出数据，其内部读写指针自动加 1，不能决定读取或写入某个指定的地址。FIFO 一般用于不同时钟域之间的数据传输。对于单片 FIFO 来说，主要有两种结构：触发导向传输结构和零导向传输结构。触发导向传输结构的 FIFO 是由寄存器阵列组成的，零导向传输结构 FIFO 是由具有读和写地址指针的双 RAM 构成，如图 9-10 所示。

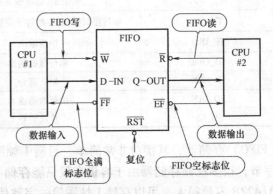

图 9-10　零导向传输结构 FIFO

　　(2) 图像传感器

　　图像传感器有 CCD 和 CMOS 两种模式。

　　1) CCD。CCD (Charge Coupled Device)，即"电荷耦合器件"，以百万像素为单位。数码相机规格中的多少百万像素，指的就是 CCD 的分辨率。CCD 是一种感光半导体芯片，用于捕捉图形，广泛应用于扫描仪、复印机以及无胶片相机等设备。

　　2) CMOS。CMOS (Complementary Metal Oxide Semiconductor)，即"互补金属氧化物半导体"。它是计算机系统内一种重要的芯片，用于保存系统引导所需的大量资料。CMOS 传感器便于大规模生产，且运行速度快，成本较低，是数字照相机关键器件的发展方向之一。

　　3) CCD 与 CMOS 的不同。

① 信息读取方式。CCD 电荷耦合器存储的电荷信息，需在同步信号控制下一位一位地实施转移后读取，电荷信息转移和读取输出需要有时钟控制电路和三组不同的电源相配合，整个电路较为复杂。CMOS 光电传感器经光电转换后直接产生电流（或电压）信号，信号读取十分简单。

② 速度。CCD 电荷耦合器需在同步时钟的控制下，以行为单位一位一位地输出信息，速度较慢；而 CMOS 光电传感器采集光信号的同时就可以读取电信号，还能同时处理各单元的图像信息，速度比 CCD 电荷耦合器快很多。

③ 电源及耗电量。CCD 电荷耦合器大多需要三组电源供电，耗电量较大；CMOS 光电传感器只需一个电源，耗电量非常小，仅为 CCD 电荷耦合器耗电量的 $1/8 \sim 1/10$，CMOS 光电传感器在节能方面具有很大优势。

④ 成像质量。CCD 电荷耦合器制作技术起步早，技术成熟，采用 PN 结或二氧化硅（SiO_2）隔离层隔离噪声，成像质量相对 CMOS 光电传感器有一定优势。由于 CMOS 光电传感器集成度高，各光电传感元件、电路之间距离很近，相互之间的光、电、磁干扰较严重，噪声对图像质量影响很大，使 CMOS 光电传感器很长一段时间无法投入使用。近年，随着 CMOS 电路消噪技术的不断发展，为生产高密度优质的 CMOS 图像传感器提供了良好的条件。此外，CCD 与 CMOS 两种传感器在内部结构和外部结构上都是不同的：

内部结构（传感器本身的结构）：CCD 的成像点为 X – Y 纵横矩阵排列，每个成像点由一个光电二极管和其控制的一个邻近电荷存储区组成。光电二极管将光线（光量子）转换为电荷（电子），聚集的电荷数量与光线的强度成正比。在读取这些电荷时，各行数据被移动到垂直电荷传输方向的缓存器中。每行的电荷信息被连续读出，再通过电荷/电压转换器和放大器传感。这种构造产生的图像具有低噪声、高性能的特点。但是生产 CCD 需采用时钟信号、偏压技术，因此整个构造复杂，增大了耗电量，也增加了成本。CMOS 传感器周围的电子器件，如数字逻辑电路、时钟驱动器以及模-数转换器等，可在同一加工程序中集成。CMOS 传感器的构造如同一个存储器，每个成像点包含一个光电二极管、一个电荷/电压转换单元、一个重新设置和选择晶体管以及一个放大器，覆盖在整个传感器上的是金属互连器（计时应用和读取信号）以及纵向排列的输出信号互连器，它可以通过简单的 X – Y 寻址技术读取信号。

外部结构（传感器在产品上的应用结构）：CMOS 光电传感器的加工采用半导体厂家生产集成电路的流程，可以将数字相机的所有部件集成到一块芯片上，如光敏元件、图像信号放大器、信号读取电路、模-数转换器、图像信号处理器及控制器等，都可集成到一块芯片上，还具有附加 DRAM 的优点。只需要一个芯片就可以实现很多功能，因此采用 CMOS 芯片的光电图像转换系统的整体成本很低。

2. 电路知识

监控系统由摄像部分（拾音器、报警探测器）、传输部分、控制部分以及显示和记录部分等组成。

1）摄像部分。摄像部分是监控系统的前沿部分，是整个系统的"眼睛"。它布置在被监视场所的某一位置上，使其视场角能覆盖整个被监视场所的各个部位。在摄像机上加装电动的（可遥控的）可变焦距（变倍）镜头，使摄像机所能观察的距离更远、更清楚，同时还把摄像机安装在电动云台上，通过控制器的控制，可以使云台带动摄像机进行水平和垂直方向的旋转，从而使摄像机能覆盖到的角度更广、面积更大。

2）传输部分。传输部分就是系统图像信号、声音信号、控制信号等的通道。目前视频监控系统多半采用视频基带传输方式。如果摄像机距离控制中心较远，也可以采用射频传输方式或光纤传输方式。一般场合要求传输的距离都比较近，可采用视频基带传输方式，也就是 75Ω 的视频同轴电缆。对图像信号的传输重点要求在图像信号经过传输系统后，不产生明显的噪声、失真（色度信号与亮度信号均不产生明显的失真），保证原始图像信号（从摄像机输出的图像信号）的清晰度，确保灰度等级没有明显下降等。

3）控制部分。控制部分主要由总控制台（有些系统还有副控制台）组成。总控制台中主要的功能有：视频信号放大与分配、图像信号的校正与补偿、图像信号的切换、图像信号的记录等；对摄像机、电动变焦镜头、云台等进行遥控，以完成对被监视场所全面、详细的监视或跟踪监视；对系统防区进行布防、撤防等功能。当前端防区有非法入侵时，报警信号传送到总控制台，可以显示报警防区、联动警号、闪灯、前端灯光、录像机等设备。根据系统所防范的风险等级及区域中要害地点的数目选择硬盘录像机的台数。

4）录像部分。录像系统采用数字多媒体技术、计算机图像处理技术和高速网络技术，可以全面实现监视场所内数字监控安全保卫功能。

工作任务十 搭建模拟电梯控制运行显示电路

一、任务名称

电梯控制运行的显示是人员在搭乘电梯时必须要知道的内容，否则搭乘电梯的人员无从知道自己处于什么样的位置，也不知道该如何处理自己的行为。作为电类中职学生，需要掌握电梯控制运行的一些硬件知识和电梯控制运行的状态规律，本任务为模拟电梯控制运行显示电路，具有与电梯实际运行相同电路的模式，模拟过程与电梯运行真实性基本相一致，而且操作方便便于理解。

二、任务描述

1. 搭建模拟电梯控制运行显示电路原理图

模拟电梯控制运行显示电路原理图如图 10-1 所示。

2. 搭建模拟电梯控制运行显示电路模块

根据图 10-1 所示的模拟电梯控制运行显示电路原理图可知，该电路由以下模块组成：EDM002-AVR 主机模块、EDM401-直流电动机驱动模块、EDM406-4×4 键盘模块、EDM502-直流电动机模块、EDM601-64×32 点阵 LED 模块和 EDM605-四位一体数码管模块。

3. 模拟电梯控制运行显示电路工作原理

（1）模拟电梯控制运行显示电路功能

模拟电梯控制运行显示电路是一个模拟五层电梯上行、下行和停靠三种方式的显示控制电路，电路接入电源后默认停靠在第一层位置。电梯某方向运行时，优先响应该运行方向的按钮要求。同一个方向有多个按钮呼叫时，电梯停靠优先响应最近已按按钮的楼层。

该电路在通电以后，通过操作 4×4 键盘上的微动按钮，使数码管显示电梯停靠的楼层，并在点阵 LED 显示电梯的上行与下行状态，与真实的电梯运行相同。

1）微动按钮功能作用。

① 图 10-1 电路中的微动按钮 S_2（数字 1）~ S_6（数字 5）为模拟电梯内部楼层按键。

② 图 10-1 电路中的微动按钮 S_9（数字 8）~ S_{16}（字母 F）为模拟电梯外部相应楼层呼叫电梯运行按键，微动按钮 S_9（数字 8）代表 1 楼呼叫上行按键，微动按钮 S_{10}（数字 9）代表 2 楼呼叫上行按键、微动按钮 S_{11}（字母 A）代表 2 楼呼叫下行按键、微动按钮 S_{12}（字母 B）代表 3 楼叫上行按键、微动按钮 S_{13}（字母 C）代表 3 楼呼叫下行按键、微动按钮 S_{14}（字母 D）代表 4 楼呼叫上行按键、微动按钮 S_{15}（字母 E）代表 4 楼呼叫下行按键、微动按钮 S_{16}（字母 F）代表 5 楼呼叫下行按键，共 8 个按键。电梯内外按键功能分布如图 10-2 所示。

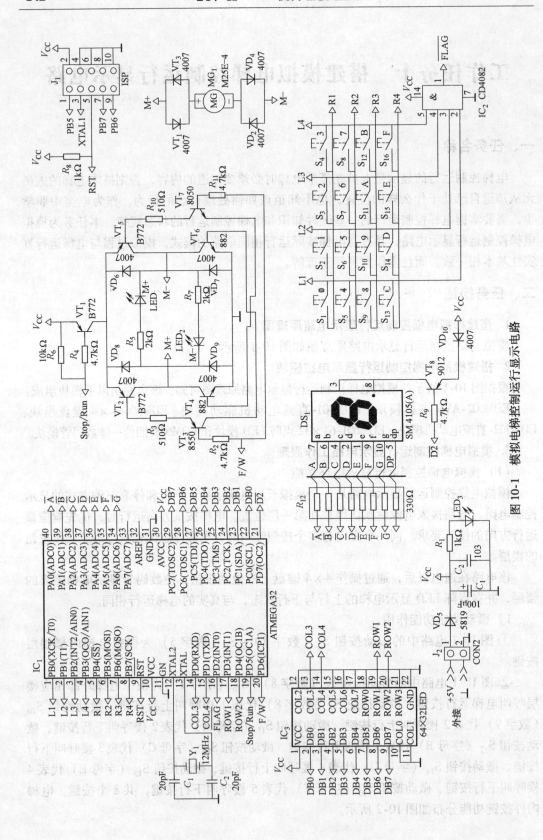

图 10-1　模拟电梯控制运行显示电路

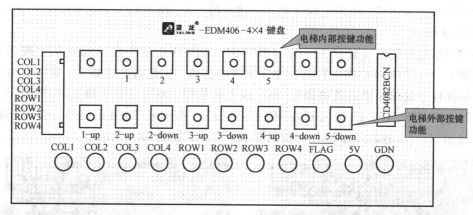

图 10-2　电梯内外按键功能分布

2）图 10-1 电路中数码管 DS_1 显示的数字为电梯停靠当前楼层的位置。

3）图 10-1 电路中直流电动机 MG_1 顺时针转动表示电梯上行，直流电动机 MG_1 逆时针转动表示电梯下行。

4）图 10-1 电路中 IC_3 的 64×32 点阵 LED 显示向上"↑"箭头表示电梯上行，点阵显示向下"↓"箭头表示电梯下行。

5）电梯运行功能。模拟电梯控制运行显示电路接入电源后，电梯位于 1 楼，若同时进入两人，其中甲要到 3 楼，乙要到 5 楼。电梯运行后，4 楼丙呼叫电梯下行到 1 楼。

操作结果：机器接入电源后，数码管 DS_1 显示"1"，表示电梯停靠在 1 楼，这时从 1 楼进入电梯的甲、乙两人分别按下按键"3"和"5"，直流电动机 MG_1 顺时针旋转（表示电梯上行），IC_3 的 64×32 点阵 LED 显示向上标志"↑"（表示电梯上行），数码管 DS_1 显示开始变化，当数码管 DS_1 显示到"3"时，直流电动机 MG_1 停止转动（表示电梯停靠在 3 楼），甲走出电梯；3s 后直流电动机 MG_1 继续顺时针转动（表示电梯继续上行），数码管 DS_1 继续变化到显示"5"，直流电动机 MG_1 停止转动（表示电梯停靠在 5 楼），乙走出电梯；在数码管 DS_1 显示到"5"前，按下按键"4"（表示 4 楼有丙呼叫电梯下行），3s 后直流电动机 MG_1 逆时针旋转（表示电梯下行），IC_3 的 64×32 点阵 LED 显示向下标志"↓"（表示电梯下行），数码管 DS_1 显示变化到"4"，直流电动机 MG_1 停止转动（表示电梯停靠在 4 楼）；此时当丙在 4 楼进入电梯内并按下按键"1"（表示丙要求电梯下行到一楼），直流电动机 MG_1 继续逆时针旋转（表示电梯下行），IC_3 的 64×32 点阵 LED 继续显示向下标志"↓"（表示电梯下行），数码管 DS_1 显示变化，最后显示为"1"，直流电动机 MG_1 停止转动（表示电梯停靠在 1 楼），丙走出电梯。

（2）模拟电梯控制运行显示电路工作过程

模拟电梯控制运行显示电路如图 10-1 电路所示，微处理器 IC_1 已经写入模拟电梯控制运行显示的程序。机器接入 +5V 电源，IC_1 通过引脚 21 输出信号到电阻 R_9，使晶体管 VT_8 导通，把数码管 DS_1 点亮，而 IC_1 通过引脚 34～40 输出信号到排阻 R_{12}，使数码管 DS$_1$ 显示为 "1"，表示电梯停靠在 1 楼等待。IC$_3$ 点阵 LED 与数码管 DS$_1$ 的显示如图 10-3 所示。

按下微动按钮 S$_4$（数字 3）、S$_6$（数字 5），相当于由矩阵 S$_1$～S$_{16}$ 向微处理器 IC$_1$ 的引脚 1～8 发出要让电梯上行到 3 楼和 5 楼的信号，于是微处理器 IC$_1$ 通过引脚 19、20，根据程序发出驱动直流电动机 MG$_1$ 的正转信号，MG$_1$ 正转，微处理器 IC$_1$ 引脚 22～29、14、15、17、18 也向 IC$_3$ 引脚 2～9、13、14、19、20 发出信号，使 IC$_3$ 点阵 LED 显示 "↑"，这时点阵 LED 与数码管 DS$_1$ 的显示如图 10-4 所示。

图 10-3　上电后停靠 1 楼时点阵 LED 与数码管 DS$_1$ 的显示　　　图 10-4　从 1 楼开始上行时点阵 LED 与数码管 DS$_1$ 的显示

同时 IC$_1$ 引脚 21、34～40 也发出信号，使数码管 DS$_1$ 显示数字发生改变，直到数码管 DS$_1$ 显示数字 "3"，如图 10-5 所示。

上行至 3 楼后，根据程序微处理器 IC$_1$ 通过引脚 19、20，发出直流电动机 MG$_1$ 停转信号，MG$_1$ 停转。IC$_3$ 点阵 LED 显示熄灭，IC$_3$ 点阵 LED 与数码管 DS$_1$ 的显示如图 10-6 所示。

图 10-5　上行至 3 楼时点阵 LED 与数码管 DS$_1$ 的显示　　　图 10-6　上行停靠 3 楼时点阵 LED 与数码管 DS$_1$ 的显示

根据程序，停靠 3s 后，微处理器 IC$_1$ 通过引脚 19、20 发出驱动直流电动机 MG$_1$ 正转信号，MG$_1$ 正转，微处理器 IC$_1$ 引脚 22～29、14、15、17、18 仍向 IC$_3$ 引脚 2～9、

13、14、19、20发出信号，使IC$_3$点阵LED显示"↑"，同时IC$_1$引脚21、34~40也发出信号，使数码管DS$_1$显示数字发生改变，直到数码管DS$_1$显示数字"5"。当数码管DS$_1$显示数字"5"时，微处理器IC$_1$发出直流电动机MG$_1$停转信号，MG$_1$停转。IC$_3$点阵LED显示熄灭，IC$_3$点阵LED与数码管DS$_1$的显示如图10-7所示。

　　由于此前已按下微处理器S$_{15}$（字母E），相当于由矩阵S$_1$~S$_{16}$向微处理器IC$_1$引脚1~8发出4楼请求电梯下行的信号，微处理器IC$_1$在信号触发3s后，通过引脚19、20发出驱动直流电动机MG$_1$反转信号，MG$_1$反转，微处理器IC$_1$引脚22~29、14、15、17、18向IC$_3$引脚2~9、13、14、19、20发出信号，使IC$_3$点阵LED显示"↓"，这时点阵LED与数码管DS$_1$的显示如图10-8所示。

图10-7　停靠5楼时点阵LED与
数码管DS$_1$的显示

图10-8　从5楼开始下行时点阵
LED与数码管DS$_1$的显示

　　同时IC$_1$引脚21、34~40也发出信号，使数码管DS$_1$显示数字发生改变，直到数码管DS$_1$显示数字"4"，如图10-9所示。

　　当数码管DS$_1$显示数字"4"时，微处理器IC$_1$发出直流电动机MG$_1$停转信号，MG$_1$停转。IC$_3$点阵LED显示熄灭，IC$_3$点阵LED与数码管DS$_1$的显示如图10-10所示。

图10-9　下行至4楼时点阵LED与
数码管DS$_1$的显示

图10-10　停靠4楼时点阵LED与
数码管DS$_1$的显示

　　根据程序,停靠 3s 后,微处理器 IC_1 发出驱动直流电动机 MG_1 反转信号,MG_1 反转,微处理器 IC_1 引脚 22～29、14、15、17、18 仍向 IC_3 引脚 2～9、13、14、19、20 发出信号,使 IC_3 点阵 LED 显示"↓",同时 IC_1 引脚 21、34～40 也发出信号,使数码管 DS_1 显示数字发生改变,直到数码管 DS_1 显示数字"1"。

　　当数码管 DS_1 显示数字"1"时,微处理器 IC_1 发出直流电动机 MG_1 停转信号,MG_1 停转。IC_3 点阵 LED 显示熄灭,IC_3 点阵 LED 与数码管 DS_1 的显示如图 10-3 所示,恢复为电梯停靠在 1 楼等待状态。

三、任务完成

1. 模拟电梯控制运行显示电路模块连接

（1）模拟电梯控制运行显示电路模块连接实物图。

模拟电梯控制运行显示电路模块连接实物如图 10-11 所示。

（2）连接说明

模拟电梯控制运行显示电路各模块电源插口正确连接 +5V 电源、GND。

EDM002-AVR 主机模块 PC0～PC7 插口接 EDM601-64×32 点阵 LED 模块 DB0～DB7 插口。

EDM002-AVR 主机模块 PA0～PA6 插口接 EDM605-四位一体数码管模块 $\overline{A}$～$\overline{G}$ 插口。

EDM002-AVR 主机模块 PD7 插口接 EDM605-四位一体数码管模块 $\overline{DS1}$ 插口。

EDM002-AVR 主机模块 PD5 插口接 EDM401-直流电动机驱动模块 Stop/Run 插口。

图 10-11　模拟电梯控制运行显示
电路模块连接实物图

EDM002-AVR 主机模块 PD6 插口接 EDM401-直流电动机驱动模块 F/W 插口。

EDM002-AVR 主机模块 PB0～PB3 插口接 EDM406-4×4 键盘模块 L1～L4 插口。

EDM002-AVR 主机模块 PB4～PB7 插口接 EDM406-4×4 键盘模块 R1～R4 插口。

EDM002-AVR 主机模块 PD0～PD1 插口接 EDM601-64×32 点阵 LED 模块 COL3～COL4 插口。

EDM002-AVR 主机模块 PD3～PD4 插口接 EDM601-64×32 点阵 LED 模块 ROW1～ROW2 插口。

EDM002-AVR 主机模块 PD2 插口接 EDM406-4×4 键盘模块 $\overline{FLAG}$ 插口。

EDM401-直流电动机驱动模块 M＋、M－插口接 EDM502-直流电动机模块 M＋、M－插口。

EDM601-64×32 点阵 LED 模块 COL0～COL2、COL5～COL7、ROW0、ROW3 插口接地。

2. 模拟电梯控制运行显示电路检测

（1）案例：EDM401-直流电动机驱动模块故障

由于模拟电梯控制运行显示电路是由模块搭建而成的，因此可以根据电路检测的结果来判断出现故障的模块电路，可以用排除法来进行检测。

故障现象：把各模块按电路要求连接，加电。按下 EDM406-4×4 键盘模块微动按钮后，直流电动机 MG_1 不动，EDM601-64×32 点阵 LED 模块没有显示，EDM605-四位一体数码管模块只显示"1"。

故障检测过程：经检查机器连线没有错误，开机后 EDM605-四位一体数码管模块显示说明该模块完好，EDM002-AVR 主机模块完好。置换 EDM502-直流电动机模块故障依旧，置换 EDM406-4×4 键盘模块故障依旧，置换 EDM601-64×32 点阵 LED 模块依旧，排除以上模块的故障。

故障部位确定：故障落在 EDM401-直流电动机驱动模块上。

故障排除：置换 EDM401-直流电动机驱动模块，按说明操作，直流电动机 MG_1 正常运转，所搭建的电路完全恢复了正常。

（2）搭建模拟电梯控制运行显示电路可能出现的故障现象、原因及解决方法见表10-1

表10-1　搭建模拟电梯控制运行显示电路可能出现的故障现象、原因及解决方法

故障现象	原　因	解决方法
直流电动机 MG_1 不动	微处理器 IC_1 损坏	置换 EDM002-AVR 主机模块
	晶体谐振器 Y_1 损坏	
	晶体管 $VT_2 \sim VT_7$ 损坏	EDM401-直流电动机驱动模块
	直流电动机 MG_1 损坏	置换 EDM502-直流电动机模块
无法设置电梯运行	微动按钮 $S_1 \sim S_{16}$ 损坏	置换 EDM406-4×4 键盘模块
	微处理器 IC_1 损坏	置换 EDM002-AVR 主机模块
数码管 DS_1 不显示	数码管 DS_1	置换 EDM605-四位一体数码管模块
	微处理器 IC_1 损坏	置换 EDM002-AVR 主机模块
	晶体谐振器 Y_1 损坏	
64×32 点阵 LED 不显示	IC_3 点阵 LED 损坏	置换 EDM601-64×32 点阵 LED 模块
	微处理器 IC_1 损坏	置换 EDM002-AVR 主机模块
	晶体谐振器 Y_1 损坏	

3. 绘制模拟电梯控制运行显示电路框图

根据图 10-11 所示模拟电梯控制运行显示电路原理图，绘制模拟电梯控制运行显示电路框图如图 10-12 所示。

四、知识链接

（一）相关单元模块知识

1. EDM002-AVR 主机模块

EDM002 属于单片机电路模块之一。详细介绍见《电子产品模块电路及应用》第一册第 75 页。

2. EDM401- 直流电动机驱动模块

EDM401-直流电动机驱动模块
是属于执行器件模块之一，详细介
绍见《电子产品模块电路及应用》
第一册第 152 页。

3. EDM406-4×4 键盘模块

EDM406-4×4 键盘模块是属于
信号处理模块之一，详细介绍见
《电子产品模块电路及应用》第一
册第 110 页。

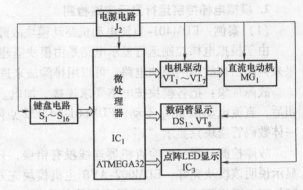

图 10-12　模拟电梯控制运行显示电路框图

4. EDM502- 直流电动机模块

EDM502-直流电动机模块是属于执行器件模块之一，详细介绍见《电子产品模块
电路及应用》第一册第 97 页。

5. EDM601-64×32 点阵 LED 模块

EDM601-64×32 点阵 LED 模块是属于显示器模块之一，详细介绍见《电子产品模
块电路及应用》第一册第 155 页。

6. EDM605- 四位一体数码管模块

EDM605-四位一体数码管模块是属于显示器模块之一，详细介绍见《电子产品模
块电路及应用》第一册第 35 页。

（二）相关电路知识

在单片机电路的应用中，经常使用 4×4 行列式键盘，下面将介绍这方面的知识。

1. 单片机系统键盘原理

单片机应用系统中，任何 I/O 口或扩展 I/O 口均可构成行列式键盘。由于带有行列
式键盘的应用系统中通常都有显示器，为节省 I/O 口接线，往往把显示器电路与行列式
键盘做在一个接口电路中。

行列式键盘的接法比独立式键盘的接法复杂，编
程实现上也会比较复杂。但是，在占用相同的 I/O 口
的情况下，行列式键盘的接法会比独立式键盘的接法
允许的按键数量多，4×4 行列式键盘原理图如
图 10-13 所示。

实际的工程中，使用 PIC16C5X 单片机就能够实
现键盘输入和显示控制两种功能。

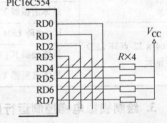

图 10-13　4×4 行列式键盘原理图

行列式键盘对计算机的工作方式是先用列线发送全扫描字，然后读取行线的状态，
查看是否有按键按下。计算机对键盘部分提供一种扫描的工作方式，可以和具有 64 个
按键的矩阵键盘相连，能对键盘不断扫描、自动消抖、自动识别按下的键，并给出编
码，能对双键或 n 个键同时按下的情况实行保护。

显示部分，它可以为发光二极管、荧光管及其他显示器提供按扫描方式工作的显示

接口，而且为显示器提供多路复用信号，可以显示多达 16 位的字符或数字。键盘中有无按键按下是由列线送入全扫描字、行线读入行线状态来判断的，其方法是将列线的所有 I/O 接线均置成低电平，然后将行线电平状态读入累加器 A 中，如果有按键按下，总会有一根行线被拉至低电平，从而使行输入不全为 1。

　　键盘中哪一个按键按下可通过由列线逐列置低电平后，检查行输入状态来判断，其方法是依次给列线送低电平，然后检查所有行线状态，如果全为 1，则所按下的按键不在此列，如果不全为 1，则所按下的按键必在此列，而且是在与低电平线相交的交点按键。

2. 单片机键盘扫描法

　　单片机键盘扫描法是在判定有按键按下后，如果逐列（或列）的状态出现非全 1 状态，逐行（或行）的状态出现非全 1 状态，这时 0 状态的行、列交点的键就是所按下的键。

　　扫描法的特点是逐行（或逐列）扫描查询，这时相应行（或列）应有上拉电阻接高电平。行列式键盘扫描程序就是采用扫描法来确定哪个按键被按下，如图 10-10 所示行线上拉电阻接 +5V，列线逐列扫描。

　　（1）逐行（或列）扫描查询法

　　确定矩阵式键盘上哪个按键被按下时运用扫描法，又称为逐行（或列）扫描查询法，是一种最常用的按键识别方法，过程如下。

　　1）判断键盘中有无按键被按下，将全部行线 Y0 ~ Y3 置低电平，然后检测列线的状态。只要有一列的电平为低电压，则表示键盘中有按键被按下，而且闭合的按键位于低电平线与 4 根行线相交叉的 4 个按键之中。若所有列线均为高电平，则键盘中无按键被按下。

　　2）判断闭合键所在的位置，在确认有按键被按下后，即可进入确定具体闭合按键的过程。其方法是：依次将行线置为低电平，即置某根行线为低电平时，其他线为高电平，确定某根行线位置为低电平后，再逐行检测各列线的电平状态，若某列线为低电平，则该列线与置为低电平的行线交叉处的按钮就是闭合的按键。

　　（2）反转法

　　扫描法要逐列（行）扫描查询，当按下的按键在最后行（列），要经过多次扫描才能获得键值/键号。而反转法只要经过两个步骤就可获得键值，其原理图 10-14 所示。

　　图 10-11 中硬件采用中断方式工作，用一个 8 位 I/O 口构成 4×4 键盘。假定图中虚线为所按下的键，其反转法的步骤如下。

　　1）将 D3 ~ D0 设为列输入线，D7 ~ D4 设为行输出线，并使 I/O 输出信号 D7 ~ D4 为 0000。若有按键被按下，与门的输出端变为低电平，向 CPU 申请中断，表示键盘中有按键被按下。与此同时，D3 ~ D0 的数据输入到内存中的某一单元中，其中 0 位对应的是被按下按键的列位置。

　　2）将第一步中的传送方向反转过来，即将 D7 ~ D4 设

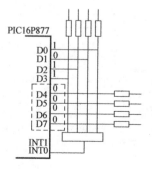

图 10-14　反转法原理图

为行输入线，D3～D0 设为列输出线。使 I/O 口输出数据为 N 单元中的数（即 D3～D0 为按下键的列位置），然后读入 I/O 口数据，并送入内存 N+1 单元中存放，该数据的 D7～D4 位中 0 电平对应的位是按下按键的行位置。最后，将 N 单元中的 D3～D0 与 N+1 单元中的 D7～D4 拼接起来就是按下按键的键值。

3. 单片机系统键盘应用

在单片机系统键盘使用过程中，当键盘中按键数量较多时，为了减少端口的占用，通常将按键排列成矩阵形式，如图 10-12 所示，矩阵式键盘中 每条水平线和垂直线在交叉处不直接连通，而是通过一个按键加以连接，单片机的 8 位端口可以构成 16 个矩阵式按键，相比独立式按键接法多出了一倍，而且线数越多区别就越明显，假如再多加一条线就可以构成 20 个按键的键盘，如果需要的按键数量比较多，采用矩阵法来连接键盘是非常合理的。

如图 10-15 所示的 4×4 矩阵式按键的接法中，首先，不断循环地给低四位独立的低电平，然后判断键盘中有无按键按下。将低位中其中一列线（P1.0～P1.3 中其中一列）置低电平，然后检测行线的状态（高 4 位，即 P1.4～P1.7，由于线与关系，只要与低电平列线接通，即跳变成低电平），只要有一行的电平为低，延时一段时间以消除抖动，然后再次判断，假如依然为低电平，则表示键盘中有按键被按下，而且闭合的键为低电平 4 个按键的任一个，若所有行线均为高电平则表示键盘中无按键按下。其次，判断闭合键所在的具体位置。在确认有按键被按下后，即可进入确定具体闭合键的过程。其方法是：依次将列线置为低电平，即在置某一根列线为低电平时，其他列线为高电平。同时再逐行检测各行线的电平状态；若某行为低，则该行线与置为低电平的列线交叉处的按键就是闭合的按键。

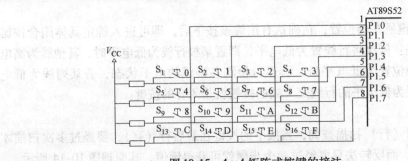

图 10-15　4×4 矩阵式按键的接法

附　录

附录 A　其他电子单元电路模块

1. EDM114-光照传感器模块

EDM114-光照传感器属于传感器电路模块之一。

（1）模块电路

EDM114-光照传感器模块电路如图 A-1 所示。

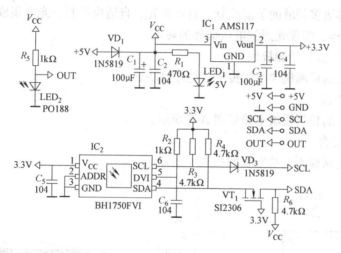

图 A-1　EDM114-光照传感器模块电路图

（2）模块实物

EDM114-光照传感器模块实物如图 A-2 所示。

（3）模块功能

EDM114-光照传感器模块接线端口说明如下。

OUT：模拟光照传感器输出。

SCL：I^2C 接口时钟端口。

SDA：I^2C 接口数据端口。

+5V：接 5V 电源正极。

GND：接电源负极（地）。

电路除有电源电路外，还有一路是光线数字照度测量电路和模拟照度测量电路。

1）电源电路。模块工作电压为 5～12V，

图 A-2　EDM114-光照传感器模块实物图

采用外部电源供电，并通过 AMS117-3.3 电平转换得到光照传感器电路所需要的 3.3V 工作电压。

2）数字照度测量电路。模块采用 BH1750FVI 传感器采集光线强度。BH1750FVI 是一种数字型光强度传感器集成电路，适用于两线式串行总线接口。该集成电路利用它的高分辨率可以探测较大范围内的光线强度，并根据采集的光线强度来调整器件亮度。BH1750FVI 通过 SDA、SCL 端口与主控芯片 I^2C 端口相连，接收指令，发送采集数据。I^2C 总线只有两个双向信号线，一根是数据线 SDA，另一根是时钟线 SCL，通过上拉电阻接电源正极。SI2306 MOS 管分立器件实现 BH1750FVI 与单片机 SDA 端口的双向电平转换，从而实现数据的双向传送。

3）模拟照度测量电路。LED_2 是可见光模拟照度传感器 PO188，PO188 是一个光电集成传感器，典型入射波长 $\lambda_p = 520nm$，内置双敏感源接收器，可见光范围内高度敏感，输出电流随照度呈线性变化。PO188 适合电视机、LCD 背光、数码产品、仪器仪表、工业设备等诸多领域的节能控制、自动感光、自适应控制。光电集成传感器 PO188 和电阻器 R_5 相连，实现光照到电压信号的转换。

2. EDM115-金属检测模块

EDM115-金属检测模块属于传感器电路模块之一。

（1）模块电路

EDM115-金属检测模块电路如图 A-3 所示。

（2）模块实物

EDM115-金属检测模块实物如图 A-4 所示。

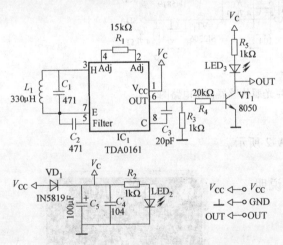

图 A-3　EDM115-金属检测模块电路图

图 A-4　EDM115-金属检测模块实物图

（3）模块功能

EDM115-金属检测模块接线端口说明如下。

OUT：信号输出端

VCC：接 5V 电源正极

GND：接电源负极（地）

　　TDA0161 是一款专门用于检测金属物体的集成芯片，它与外围电路工作时相当于一个振荡器。当金属物体接近时，金属内部产生高频涡流，造成检测电路电能流失，相当于振荡器停止工作，TDA0161 输出信号就会改变。集成引脚 6 为信号输出端，其电平信号高低取决于是否检测到金属物体。模块电路工作电压为 5 ~ 12V 供电，当无金属物体接近，电路工作 IC_1 引脚 6 输出信号为低电平，VT_1 晶体管不导通，OUT 输出为高电平，LED_3 暗；当有金属物体接近时，IC_1 引脚 6 检测信号输出为高电平，VT_1 晶体管导通，OUT 输出信号为低电平，指示灯 LED_3 亮。

3. EDM117-颜色传感器模块

EDM117-颜色传感器模块属于传感器电路模块之一。

（1）模块电路

EDM117-颜色传感器模块电路如图 A-5 所示。

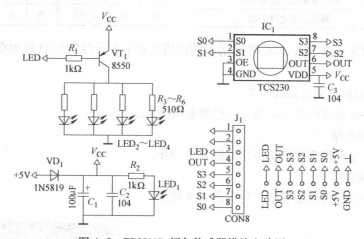

图 A-5　EDM117-颜色传感器模块电路图

（2）模块实物

EDM117-颜色传感器模块实物如图 A-6 所示。

（3）模块功能

EDM117-颜色传感器模块接线端口说明如下。

S0、S1、S2、S3：信号输出端口。

LED：接信号输出端口，传感器片选信号。

OUT：接信号输入端口。

+5V：接 5V 电源正极。

GND：接电源负极（地）。

排插 J_1 输出功能与 LED ~ S0 插口相同，在 LED ~ S0 插口输出信号时，可直接使用排插 J_1 输出信号。

颜色传感器模块主要用于检测外界颜色变化，根据颜色变化输出相应的电信号。

图 A-6　EDM117-颜色传感器模块实物图

TCS230 是一个颜色传感器，它能根据外界光强度的变化识别颜色，高速输出对应频率信号。其输出 OUT 为占空比 50% 的方波信号，频率由两个控制输入脚 S2、S3 决定。输入输出信号都是数字信号，而且它的供电电压为 2.7~5V，能够直接将信号传送给微处理器而不需要额外的电平转换，方便可靠。传感器的输出信号由两个输入引脚控制。传感器各引脚介绍见表 A-1，输入颜色及对应输出频率定义见表 A-2。

表 A-1　TCS230 引脚定义

引脚	I/O	功　　能
VDD		供电电源
GND		电源地
OE	I	输出频率 f_o 使能
OUT	O	输出频率 f_o
S0/S1	I	输出频率范围选择引脚
S2/S3	I	颜色类型选择引脚

表 A-2　输入颜色及对应输出频率定义

S0	S1	输出频率 f_o	S2	S3	光敏二极管类型
L	L	0	L	L	红色
L	H	2%	L	H	蓝色
H	L	20%	H	L	无
H	H	100%	H	H	蓝色

　　另外，模块电路中在 TCS230 传感器的四周放置了 4 个白色 LED 增加亮度，以排除干扰。

4. EDM118-振动传感器模块

EDM118-振动传感器模块属于传感器电路模块之一。

（1）模块电路

EDM118-振动传感器模块电路如图 A-7 所示。

（2）模块实物

EDM118-振动传感器模块实物如图 A-8 所示。

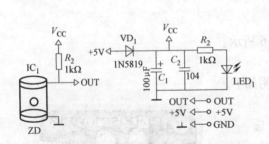

图 A-7　EDM118-振动传感器模块电路图

图 A-8　EDM118-振动传感器模块实物图

（3）模块功能

EDM118-振动传感器模块接线端口说明如下。

OUT：信号输出端

+5V：接 5V 电源正极

GND：接电源负极（地）

模块工作电压为 4.5~5.5V，模块采用外部 5V 电源供电。振动传感器是一种目前广泛应用的报警检测传感器，它通过内部的压电陶瓷片加弹簧重锤结构感受机械振动的参量（如振动速度、频率、加速度等），并转换成可用的输出信号，然后经过运算放大器放大并输出控制信号。振动传感器在测试技术中是关键部件之一，它具有成本低、灵敏度高、工作稳定可靠、振动检测可调节范围大的优点，被大量应用到汽车、摩托车防盗系统上。

模块电路中振动传感器主要采用电测方法：将振动的变化量转换成电信号，经电路放大后显示和记录，根据对应关系，知道振动量的大小。OUT 端为振动传感器信号输出端。没有振动时，OUT 端输出信号为低电平；有振动时，OUT 端输出信号电平发生变化。

5. EDM119- 火焰传感器模块

EDM119- 火焰传感器模块属于传感器电路模块之一。

（1）模块电路

EDM119- 火焰传感器模块电路如图 A-9 所示。

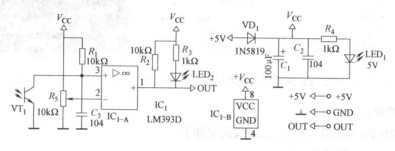

图 A-9　EDM119- 火焰传感器模块电路图

（2）模块实物

EDM119- 火焰传感器模块实物如图 A-10 所示。

（3）模块功能

EDM119- 火焰传感器模块接线端口说明如下。

OUT：信号输出端。

+5V：接 5V 电源正极。

GND：接电源负极（地）。

LM393D 是一个双电压比较器，对输入的两个模拟电压比较，并判断出其中哪一个电压高。同相输入端（"+"端）电压高于反相输入端（"-"端）时，输出高电平；同相输入端（"+"端）电压低于反相

图 A-10　EDM119- 火焰传感器模块实物图

输入端（"-"端）时，输出低电平。模块电路中 VT_1 是火焰感光元件，有火焰时 VT_1 导通，LM393D 的引脚 3 为低电平，低于引脚 2 的电平，所以引脚 1（OUT）输出低电平，LED_2 亮。同理，没有火焰时，VT_1 不导通，引脚 3 为 5V 高电平，高于引脚 2 的电平，所以引脚 1（OUT）输出高电平，LED_2 暗。R_5 变阻器用于调节 LM393D 的引脚 3 的基准电平，调节传感器的灵敏度。

6. EDM120-PN 结测温模块

EDM120-PN 结测温模块属于传感器电路模块之一。

（1）模块电路

EDM120-PN 结测温模块电路如图 A-11 所示。

（2）模块实物

EDM120-PN 结测温模块实物如图 A-12 所示。

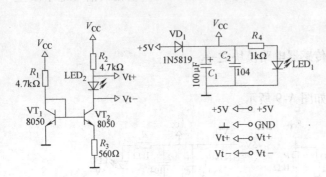

图 A-11　EDM120-PN 结测温模块电路图　　　图 A-12　EDM120-PN 结测温模块实物图

（3）模块功能

EDM120-PN 结测温模块接线端口说明如下。

Vt +、Vt −：信号输出端。

+5V：接 5V 电源正极。

GND：接电源负极（地）。

模块电路根据二极管的 PN 结温度特性，即当室温升高 1℃，二极管正向压降就减小 2 ~ 2.5mV 的原理，采用开关二极管 1N5819 做成 PN 结测温传感器。该传感器线性好，尺寸小，热时间常数为 0.2 ~ 2s，测温范围为 − 50 ~ 150℃。模块电路由 5V 电源供电，Vt +、Vt − 可接差分放大器进行信号放大，然后传送给单片机显示温度。

7. EDM121-热敏电阻模块

EDM121-热敏电阻模块属于传感器电路模块之一。

（1）模块电路

EDM121-热敏电阻模块电路如图 A-13 所示。

（2）模块实物

EDM121-热敏电阻模块实物如图 A-14 所示。

（3）模块功能

EDM121-热敏电阻模块接线端口说明如下。

*V*out：信号输出端口，接单片机 I/O 输入端口。

+*V*CC：接电源正极。

GND：接电源负极。

热敏电阻对环境温度敏感，不同的温度下表现出不同的电阻值，包括负温度系数热

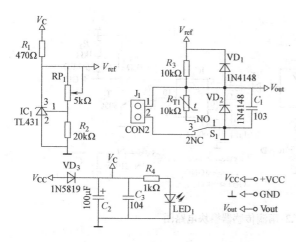

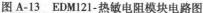

图 A-13　EDM121-热敏电阻模块电路图

图 A-14　EDM121-热敏电阻模块实物图

敏电阻和正温度系数热敏电阻。模块电路中热敏电阻采用负温度系数热敏电阻（NTC）。负温度系数热敏电阻（NTC）R_{T1} 在温度越高时电阻值越低，测量范围一般为 $-10 \sim 300℃$，阻值可表示为：

$$R_t = R_T \times EXP(Bn \times (1/T - 1/T_0)$$

式中 R_t 为负温度系数热敏电阻 R_{T1} 的电阻值；Bn 为材料常数。

模块电路中，TL431 是可调稳压器，将 V_{ref} 处电压稳压在一定的值，由变阻器 RP_1 调节 V_{ref} 处电压大小。V_{out} 输出端输出信号为 R_3 与热敏电阻的分压值，热敏电阻阻值发生变化时，该点的电压也随之变化。单片机接收 V_{out} 点的电压，然后根据热敏电阻公式计算阻值 R_t，便能计算得到对应的温度 T。NTC 热敏电阻的温度特性曲线如图 A-15 所示。

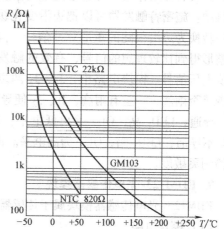

图 A-15　NTC 热敏电阻的温度特性曲线

8. EDM122-雨滴传感器模块

EDM122-雨滴传感器模块属于传感器电路模块之一。

（1）模块电路

EDM122-雨滴传感器模块电路如图 A-16 所示。

（2）模块实物

EDM122-雨滴传感器模块实物如图 A-17 所示。

（3）模块功能

EDM122-雨滴传感器模块接线端口说明如下。

OUT：信号输出端。

+5V：接 5V 电源正极。

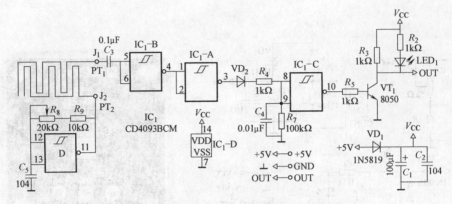

图 A-16　EDM122-雨滴传感器模块电路图

GND：接电源负极（地）。

CD4093BCM 含有四路独立的触发电路，每路触发电路都是一个 2 输入的与非门施密特触发器，这种与非门具有滞后作用，可以避免临时触发电平下出现的抖动。施密特触发器可以把边沿变化缓慢的周期性信号转换为边沿很陡的矩形脉冲信号，同时能通过波形整形得到比较理想的信号，有效的触发电平大于 V_t 门值电压信号。模块电路中，J_1、J_2 两端的迂回导线检测是否雨滴，一旦有雨滴，J_1、J_2 便导通形成回路，VT_1 导通，LED_1 亮，OUT 输出低电平；若没有水滴，VT_1 不导通，LED_1 暗，OUT 为高电平。RP_1 变阻器调节检测灵敏度。

图 A-17　EDM122-雨滴传感器
模块实物图

9. EDM123-光电传感器模块

EDM123-光电传感器模块属于传感器电路模块之一。

（1）模块电路

EDM123-光电传感器模块电路如图 A-18 所示。

（2）模块实物

EDM123-光电传感器模块实物如图 A-19 所示。

（3）模块功能

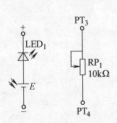

图 A-18　EDM123-光电传感器模块电路图

图 A-19　EDM123-光电传感器模块实物图

EDM123-光电传感器模块端口说明如下。

+：光电池正极输出。

−：光电池负极输出。

PT1、PT2：电位器两端输出。

光电传感器是各种光电检测系统中实现光电转换的关键元件，它以光电器件作为转换元件，能将光信号（红外、可见及紫外光辐射）直接转变成为电信号。可用于检测直接引起光量变化的非电量，如光强、光照度、辐射测温、气体成分分析等；也可用来检测能转换成光量变化的其他非电量，如零件直径、表面粗糙度、应变、位移、振动、速度、加速度以及物体的形状、工作状态的识别等。

模块电路：采用尺寸为 $60 \times 44 \times 3 mm$ 的 HYT-6044 太阳能电池板作为感光器件。它的开路电压为 6.0V；短路电流为 60mA；工作电压为 5.5V；工作电流为 50mA。变阻器 RP_1 与发光二极管串联接到太阳板输出端形成回路。当太阳能电池板在光照下工作时，回路中便有电流，发光二极管亮。通过调节变阻器 RP_1 改变回路电流大小。

10. EDM124-倾角传感器模块

EDM124-倾角传感器模块属于传感器电路模块之一。

（1）模块电路

EDM124-倾角传感器模块电路如图 A-20 所示。

（2）模块实物

EDM124-倾角传感器模块实物如图 A-21 所示。

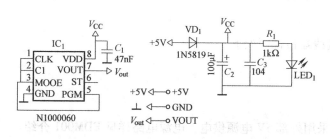

图 A-20　EDM124-倾角传感器模块电路图

图 A-21　EDM124-倾角传感器
模块实物图

（3）模块功能

EDM124-倾角传感器模块接线端口说明如下。

VOUT：信号输出端。

+5V：接 5V 电源正极

GND：接电源负极（地）

1）电源电路模块供电电压为 4.5 ~ 5.5V，采用外部 5V 电源供电，电源电路详见 EDM003 介绍。

2）倾角传感器 N1000060 是一款单轴角度传感器，传感器在测量时需要与测量平台保持平衡，并且传感器的两个轴要相互平衡。传感器倾角和输出电压的关系为：

$$\alpha = \alpha\sin(0.5V_{out} - 0.25V_{dd})$$

式中　α 为倾角；V_{out} 为输出电压；V_{dd} 为电源电压。

根据反三角函数 $y = \arcsin(x)$ 得到的是弧度值，经过转换便能得到倾角度数。电压输出范围在 0.5~4.5V 之间，角度测量范围：$-90° \sim 90°$。

11. EDM205-串行 A-D 转换模块

EDM205-串行 A-D 转换模块属于信号采用处理电路模块之一。

（1）模块电路

EDM205-串行 A-D 转换模块电路如图 A-22 所示。

（2）模块实物

EDM205-串行 A-D 转换模块实物如图 A-23 所示。

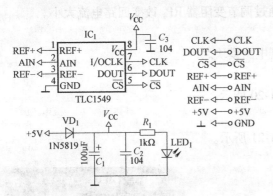

图 A-22　EDM205-串行 A-D 转换模块电路图　　图 A-23　EDM205-串行 A-D 转换模块实物图

（3）模块功能

EDM205-串行 A-D 转换模块接线端口说明如下。

+5V：接 5V 电源正极。

GND：接电源负极（地）。

其余端口可参看表 A-3。

模块工作电压为 4.5~5.5V，采用外部 5V 电源供电，电源电路详见 EDM001 介绍。

IC₁ TLC1549 是 10 位的开关电容式模拟数字串行转换器，芯片有两个数字输入和一个 3 态输出，其中 3 态输出包括片选（$\overline{CS}$）、输入输出时钟（I/O 时钟）、数据输出（数据），3 态输出可以做三线接口给串口主机处理器。芯片引脚说明见表 A-3。

表 A-3　芯片引脚

引脚	符号	功　　能
2	ALOG IN	模拟信号输入。输入阻抗应小于 1kΩ，模拟输入驱动电流应大于 10mA
5	$\overline{CS}$	片选信号。高向低电平转化，CS 重置，使能 I/O CLK 和 D OUT。低向高电平转化，I/O CLK 无效，D OUT 高阻
6	DOUT	当片选有效时，D OUT 逻辑电平与先前的转化信号 MSB 保持一致。在下一个 I/O CLK 下降沿到来时，逻辑电平与转化信号保持相一致

（续）

引脚	符号	功　能
4	GND	接地
7	I/O CLK	输入/输出时钟脉冲。I/O 时钟有下列个功能： 1) 在第 3 个 I/O 时钟下降沿到来时，模拟输入电压改变电容阵列，直到第 10 个下降沿到来。 2) 移相剩余的 9 个 D OUT 转化为数据。 3) 第 10 个 CLK 下降沿到来时，转为内部转化控制
1	REF +	上参考电压值（可接 V_{cc}）。V_{cc} 最大输入值范围取决于 REF + 与 REF – 压差
3	REF –	下参考电压值（可接 GND）
8	V_{cc}	下电源电压

当 $\overline{CS}$ 高电平（无效）时，I/O CLK 无效，D OUT 高阻。当串行接口 CS 低电平（无效）时，I/O CLK 使能并且下降沿到来时，D OUT 传送转化数据。主机发送 6 到 10 个的 CLK 给串行接口，并从接口接收转换数据。TLC1549 有 6 种不同状态的串行时序工作模式，这些模式由 I/O CLK 传送速度与 CS 状态决定。TLC1549 不同状态工作模式情况如表 A-4 所示。

表 A-4　TLC1549 工作模式

MODES		$\overline{CS}$	NO. OF I/O CLKS	MSB AT Terminal 6t	TIMING DIAGRAM
Fast Modes	Mode 1	High between conversion cycles	10	$\overline{CS}$ falling edge	Figure 6
	Mode 2	Low continuously	10	Within 21μs	Figure 7
	Mode 3	High between conversion cycles	11 to 16	$\overline{CS}$ falling edge	Figue 8
	Mode 4	Low continuously	16	Within 21μs	Figure 9
Slow Modes	Mode 5	High between conversion cycles	11 to 16	$\overline{CS}$ falling edge	Figure 10
	Mode 6	Low continuously	16	16th clock falling edge	Figure 11

12. EDM207- 串行 D-A 转换模块

EDM207- 串行 D-A 转换模块属于信号采用处理电路模块之一。

（1）模块电路

EDM207- 串行 D-A 转换模块电路如图 A-24 所示。

（2）模块实物

EDM207- 串行 D-A 转换模块实物如图 A-25 所示。

（3）模块功能

EDM207- 串行 D-A 转换模块接线端口说明如下。

+5V：接 5V 电源正极。

GND：接电源负极（地）。

其余端口可参看表 A-5。

模块工作电压为 4.5 ~ 5.5V，采用外部 5V 电源供电，电源电路见 EDM001 介绍。

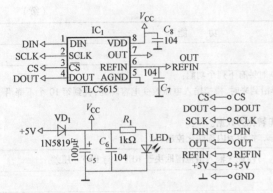

图 A-24　EDM207-串行 D-A 转换模块电路图

图 A-25　EDM207-串行 D-A 转换模块实物图

TLC5615 是具有串行接口的数模转换器，其输出为电压型，最大输出电压是基准电压值的两倍。模块带有上电复位功能，即把 DAC 寄存器复位至全零。其只需要通过 3 根串行总线就可以完成 10 位数据的串行输入，易于和工业标准的微处理器或微控制器（单片机）接口。TLC5615 引脚介绍如表 A-5 所示。

表 A-5　TLC5615 引脚

引脚	功　　能	引脚	功　　能
DIN	串行数据输入端	AGND	模拟地
SCLK	串行时钟输入端	REFIN	基准电压输入端，$2 \sim (V_{DD} - 2)$ V
$\overline{CS}$	片选信号，低电平有效	OUT	DAC 模拟电压输出端
DOUT	用于级联时的串行数据输出端	VDD	正电源端，4.5 ~ 5.5V，通常取 5V

13. EDM209-光耦隔离模块

EDM209-光耦隔离模块属于信号采用处理电路模块之一。

（1）模块电路

EDM209-光耦隔离模块电路如图 A-26 所示。

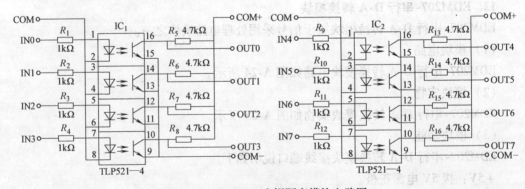

图 A-26　EDM209-光耦隔离模块电路图

（2）模块实物

EDM209-光耦隔离模块实物如图 A-27 所示。

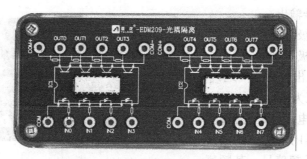

图 A-27　EDM209-光耦隔离模块实物图

（3）功能描述

EDM209-光耦隔离模块接线端口说明：

IN0 ~ IN3（IN4 ~ IN7）：控制信号输入端。

COM：输入公共端，一般接地。

OUT0 ~ OUT3（OUT4 ~ OUT7）：信号输出端。

COM +：输出公共端，接电源正极。

COM –：输出公共端，接电源负极（地）。

TLP521-4 是可控制的光电耦合器件，在电路信号传输时，使电路前端与负载完全隔离，目的在于增加安全性，减小电路干扰，减化电路设计。TLP521-4 提供了 4 个孤立的光耦单元。其输入最大电流为 25mA，最大电压为 24V。模块电路 IC_1 中，COM 为 TLP521-4 前端接入低电平端，COM + 为后端高电平端、COM – 为后端接入低电平端；IN0 ~ IN3 为前端信号输入端；OUT0 ~ OUT3 为后端信号输出端。IC_2 接口同理 IC_1。

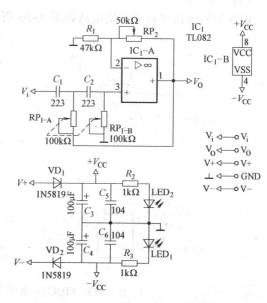

图 A-28　EDM212-高通滤波器模块电路图

14. EDM212-高通滤波器模块

EDM212-高通滤波器模块属于信号采用处理电路模块之一。

（1）模块电路

EDM212-高通滤波器模块电路如图 A-28 所示。

（2）模块实物

EDM212-高通滤波器模块实物如图 A-29 所示。

（3）模块功能

EDM212-高通滤波器模块接线端口说明如下。

V_i：信号输入端。

V_O：高频信号输出。

$V+$：电源正极。

$V-$：电源负极。

GND：电源输出公共端（地）。

模块工作电压为 $\pm 1.8 \sim \pm 18V$，采用外部双电源供电。与低通滤波器相反，高通滤波器用来通过高频信号，衰减或抑制低频信号，其频率响应和低通滤波器是"镜象"关

图 A-29　EDM212-高通滤波器模块实物图

系。模块电路构成的是一个有源二阶高通滤波电路。它的工作原理与有源二阶低通滤波器相同，只是高通滤波器通过的是高频信号，抑制低频信号。滤波器的工作频率 $f >$

$$\frac{\pi}{2\sqrt{RP_{1-A}RP_{1-B}}}$$。改变 RP_{1-A}、RP_{1-B} 可以调节滤波器的工作截止频率。

15. EDM213-电压比较器模块

EDM213-电压比较器模块属于信号采用处理电路模块之一。

（1）模块电路

EDM213-电压比较器模块电路如图 A-30 所示。

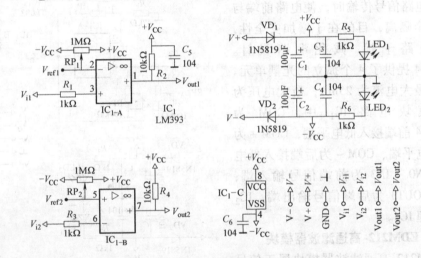

图 A-30　EDM213-电压比较器模块电路图

（2）模块实物

EDM213-电压比较器模块实物如图 A-31 所示。

（3）模块功能

EDM213-电压比较器模块接线端口说明如下。

Vi1：比较器 1 输入端。

Vout1：比较器 1 输出端。

Vi2：比较器 2 输入端。

Vout2：比较器 2 输出端。

V＋：电源正极。

V－：电源负极。

GND：电源输出公共端（地）。

模块工作电压为 ±3 ~ ±18V，采用外部双电源供电。

LM393 是双电压比较器集成电路。模块电路中 IC_{1-A} 构成了一个带有参考电压 Vref1 的比较器，通过比较引脚 3 电压值大小，得到 Vout1 点电压。当引脚 3 电压大于引脚 2 电压时，Vout1 输出高电平；当引脚 3 电压小于引脚 2 电压时，Vout1 输

图 A-31　EDM213-电压比较器模块实物图

出低电平。比较器比较电压范围为 ±1.8 ~ ±18V。Vi1、Vi2 为输入，Vout1、Vout2 为输出。RP_1、RP_2 变阻器可调节各个电路的参考点电压，可以通过引脚 3，引脚 6 测试点测量参考电压值。

16. EDM214-精密整流模块

EDM214-精密整流模块属于信号采用处理电路模块之一。

（1）模块电路

EDM214-精密整流模块电路如图 A-32 所示。

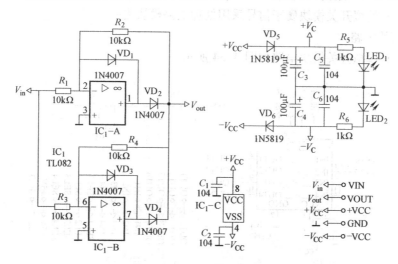

图 A-32　EDM214-精密整流模块电路图

（2）模块实物

EDM214-精密整流模块实物如图 A-33 所示。

（3）模块功能

EDM214-精密整流模块接线端口说明如下。

VIN：信号输入端。

VOUT：信号输出端。

+VCC：电源正极。

–VCC：电源负极。

GND：电源输出公共端（地）。

模块工作电压为 4.5 ~ 5.5V，采用外部 5V 电源供电，电源电路见 EDM001 介绍。TL082 是一通用的 J-FET 双运算放大器，其特性见 EDM211-低通滤波介绍。模块电路为 4 个二极管型全波整流电路。该电路的最大优点是匹配电阻少，有一对匹配电阻即可，只要求 $R_1 = R_2$。其输入输出关系如下式：

图 A-33　EDM214-精密整流模块实物图

$$VOUT = VIN \quad （当 VIN > 0）$$

$$VOUT = -VIN \quad （当 VIN < 0）$$

当 VIN 输入电压大于 0，VD_1 导通，VD_2 截止，IC_1-A 此时是一个电压跟随器，VOUT = 0；同时，VD_3 截止，VD_4 导通，VOUT 的电压等于 IC_1-B 方向输入端电压 VIN，所以 VOUT 的电压由 IC_1-B 决定，VOUT = VIN；当 VIN 输入电压小于 0，VD_2 导通，VD_1 截止，IC_1-A 此时是一个反向比例放大器，VOUT = -VIN；VD_3 导通，VD_4 截止。VOUT 的电压由 IC_1-A 决定，VOUT = -VIN。

17. EDM215-模拟开关模块

EDM215-模拟开关模块属于信号采用处理电路模块之一。

（1）模块电路

EDM215-模拟开关模块电路如图 A-34 所示。

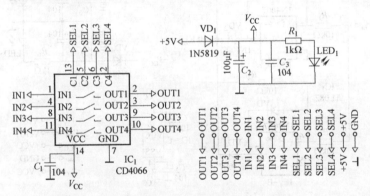

图 A-34　EDM215-模拟开关模块电路图

（2）模块实物

EDM215-模拟开关模块实物如图 A-35 所示。

（3）模块功能

EDM215-模拟开关模块接线端口说明如下。

IN1、OUT1、SEL1：接第一路开关的输入端、输出端、控制端。

IN2、OUT2、SEL2：接第二路开关的输入端、输出端、控制端。

IN3、OUT3、SEL3：接第三路开关的输入端、输出端、控制端。

IN4、OUT4、SEL4：接第四路开关的输入端、输出端、控制端。

+5V：接 5V 电源正极。

GND：接电源负极（地）。

CD4066 工作电压为 −0.5 ~ +18V，采用外部 5V 电源供电。CD4066 是四双向模拟开关，主要用作模拟或数字信号的多路传输，可传输的模拟信号的上限频率为 40MHz。CD4066 由 4 个相互独立的双向开关组成，每个开关有一个

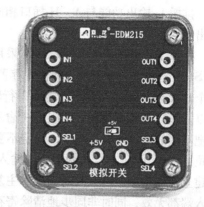

图 A-35　EDM215-模拟开关模块实物图

控制信号端，开关可以相互独立地通断，互不影响，其中输入端和输出端可互换。当控制端加高电平时，开关导通；当控制端加低电平时，开关截止。模拟开关导通时，导通电阻为低阻抗，阻值约为几十欧姆；模拟开关截止时，呈现很高的阻抗，可以看成开路。

18. EDM216-串并转换模块

EDM216-串并转换模块属于信号采用处理电路模块之一。

（1）模块电路

EDM216-串并转换模块电路如图 A-36 所示。

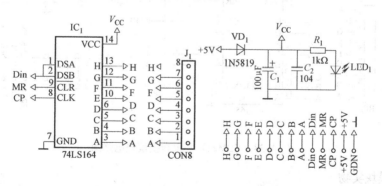

图 A-36　EDM216-串并转换模块电路图

（2）模块实物

EDM216-串并转换模块实物如图 A-37 所示。

（3）模块功能

EDM216-串并转换模块接线端口说明如下。

A ~ H：并行数据输出端。

Din：串行数据输入端。

CP：时钟输入端。

MR：中央复位输入（低电平有效）。

+5V：接 5V 电源正极。

GND：接电源负极（地）。

图 A-37　EDM216-串并转换模块实物图

　　排插 J_1 输出功能与 A～H 插口相同，在 A～H 插口输出信号时，可直接使用排插 J_1 输出信号。

　　模块工作电压为 4.5～5.5V，采用外部 5V 电源供电，电源电路见 EDM001 介绍。74LS164 是八位边沿触发式移位寄存器，数据串行输入，然后并行输出。数据通过任意两个输入端（DSA 或 DSB）之一串行输入，DSA 和 DSB 是逻辑与的关系（任一输入端可以用作高电平使能端，控制另一输入端的数据输入。两个输入端或者连接在一起，或者把不用的输入端接高电平，一定不要悬空）。时钟（CP）每次由低变高时，数据右移一位，输入到 Q_0，Q_0 是两个数据输入端（DSA 和 DSB）的逻辑与，它在时钟上升沿之前建立并保持一个建立时间长度。主复位（MR）输入端上的一个低电平将使其他所有输入端都无效，同时非同步地清除寄存器，强制所有的输出为低电平。

19. EDM217-并串转换模块

　　EDM217-并串转换模块属于信号采用处理电路模块之一。

（1）模块电路

　　EDM217-并串转换模块电路如图 A-38 所示。

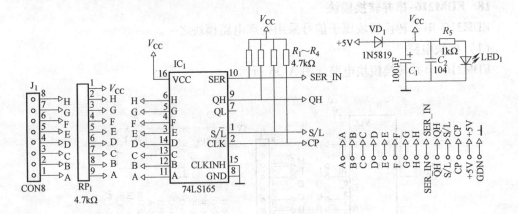

图 A-38　EDM217-并串转换模块电路图

（2）模块实物

　　EDM217-并串转换模块实物如图 A-39 所示。

（3）模块功能

　　EDM217-并串转换模块接线端口说明如下。

A～H：并行数据输入端。

QH：串行数据输出端。

CP：时钟输入端。

S/L：移位与置位控制端。

SER_IN：扩展多个 74LS165 的首尾连接端。

+5V：接 5V 电源正极。

GND：接电源负极（地）。

　　排插 J_1 输出功能与 A～H 插口相同，在

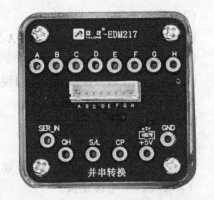

图 A-39　EDM217-并串转换模块实物图

A～H 插口输出信号时, 可直接使用排插 J_1 输出信号。

模块工作电压为 4.5～5.5V, 采用外部 5V 电源供电, 电源电路见 EDM001 介绍。74LS165 是八位并行输入, 串行输出移位寄存器。当 S/L 脚为低电平时, 将输入数据从并行口存入 D0～D7, 数据存入后, 使 S/L 脚为高电平, CP 脚的 8 个时钟脉冲就能将并行数据从 QH 脚串行移出, QL 脚移出的数据是反相的。

20. EDM218-F/V 转换模块

EDM218-F/V 转换模块属于信号采用处理电路模块之一。

(1) 模块电路

EDM218-F/V 转换模块电路如图 A-40 所示。

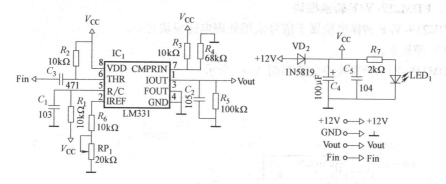

图 A-40 EDM218-F/V 转换模块电路图

(2) 模块实物

EDM218-F/V 转换模块实物如图 A-41 所示。

(3) 模块功能

EDM218-F/V 转换模块接线端口说明如下。

Fin: 信号输入端。

Vout: 输出端。

+12V: 接 12V 电源正极。

GND: 接电源负极 (地)。

LM331 是性价比较高的集成芯片, 可用作精密频率电压转换器。LM331 采用了新的温度补偿能隙基准电路, 有极高的精度, 动态范围宽, 线性度好, 变换精度高, 数字分辨率可达 12 位; 外接电路简单, 只需接入几个外部元件就可以构成 V/F 或 F/V 等变换电路, 并且容易保证转换精度。其管脚功能介绍如表 A-6 所示。

图 A-41 EDM218-F/V 转换模块实物图

模块电路 Vout 的变化可按下式计算:

$$Vout = 2.09 \times R_5 \times R_1 \times C_1 \times Fin / RP_1$$

可见, 当 R_5、R_1、C_1、RP_1 一定时, Vout 正比于 Fin, 显然, 要使 Vout 与 Fin 之间的关系保持精确、稳定, 则应选用高精度、高稳定的元件。当 Fin 为一定值时, 要使 Vout

表 A-6　LM331 引脚功能

引脚	引脚名	功　　能	引脚	引脚名	功　　能
1	IOUT	电流输出	5	R/C	接 RC 定时电路
2	IREF	基准电流	6	THR	阈值比较
3	FOUT	频率输出	7	CMP RIN	比较输入
4	GND	地	8	VDD	电源

为某一定值，可通过调节 RP$_1$ 实现。RP$_1$ 可在 3.8 ~ 190kΩ 范围内调节，一般选取在 10kΩ 左右。

21. EDM219-V/F 转换模块

EDM219-V/F 转换模块属于信号采用处理电路模块之一。

（1）模块电路

EDM219-V/F 转换模块电路如图 A-42 所示。

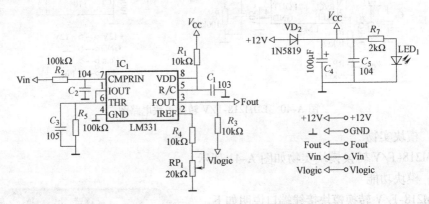

图 A-42　EDM219-V/F 转换模块电路图

（2）模块实物

EDM219-V/F 转换模块实物如图 A-43 所示。

（3）模块功能

EDM219-V/F 转换模块接线端口说明如下。

Vin：信号输入端。

Fout：输出端。

Vlogic：衰减输出。

+12V：接 12V 电源正极。

GND：接电源负极（地）。

LM331 集成芯片介绍见 EDM218-F/V 转换模块。LM331 输出脉冲频率 Fout 与输入电压 Vin 成

图 A-43　EDM219-V/F 转换模块实物图

正比，实现了电压/频率的线性变换。通过查询资料，其输入电压和输出频率的关系为

$$\text{Fout} = \frac{\text{RP}_1 \text{Vin}}{2.09 R_1 C_1 R_5}$$

22. EDM220-运放模块

EDM220-运放模块属于信号采用处理电路模块之一。

（1）模块电路

EDM220-运放模块电路如图 A-44 所示。

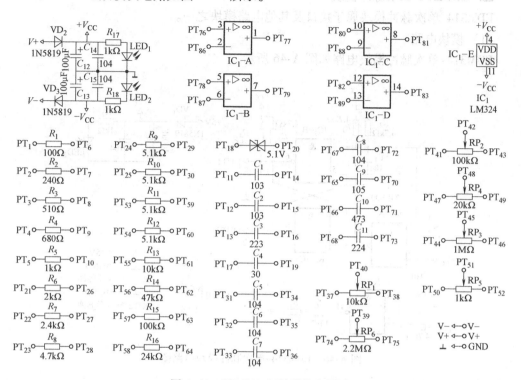

图 A-44　EDM220-运放模块电路图

（2）模块实物

EDM220-运放模块实物如图 A-45 所示。

（3）模块功能

EDM220-运放模块接线端口说明如下。

V+：电源正极。

V-：电源负极。

GND：电源输出公共端（地）。

模块采用双电源供电，工作电压为 ±5～±15V，模块采用外部直流稳压电源供电。LM324 运放包含 4 个独立的高增益内部频率补偿运算放大器，应用领域包括传感器放大器、直流增益模块和所有传统的运算放大器，是可以更容易在单

图 A-45　EDM220-运放模块实物图

电源系统中实现的工作电路。模块电路中有多种独立的不同值的电阻、电容、滑动变阻器等元器件。这些元器件都可以通过接口独立使用，方便用户搭建各种放大器、跟随器、比较器，滤波器等运放电路。

23. EDM314-单次脉冲模块

EDM314-单次脉冲模块属于接口及其他电路模块之一。

（1）模块电路

EDM314-单次脉冲模块电路如图 A-46 所示。

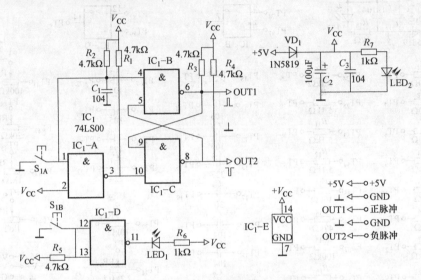

图 A-46　EDM314-单次脉冲模块电路图

（2）模块实物

EDM314-单次脉冲模块实物如图 A-47 所示。

（3）模块功能

EDM314-单次脉冲模块接线端口说明如下。

负脉冲：负脉冲信号输入端。

正脉冲：正脉冲信号输出端。

+5V：接 5V 电源正极。

GND：接电源负极（地）。

74LS00 是一个四组 2 输入端与非门的集成。模块电路中，IC_{1B} 与 IC_{1C} 组成一个锁存器，IC_{1A} 使得锁存器两个输入脚（引脚 4 与引脚 10）为互补信号。锁存器输出脚的逻辑真值表如表 A-7 所示。按键开关 S_{1A} 没有按下时，引脚 4 为

图 A-47　EDM314-单次脉冲模块实物图

高电平，引脚 10 为低电平，可测得引脚 6 输出正脉冲为低电平，引脚 8 输出负脉冲为高电平。按键开关 S_{1A} 按下时，引脚 4 为低电平，引脚 10 为高电平，可测得引脚 6 输出正脉冲为高电平，引脚 8 输出负脉冲为低电平。

表 A-7　输出脚的逻辑真值表

输　入		输　出	
引脚 4	引脚 10	引脚 6	引脚 8
1	0	0	1
0	1	1	0

24. EDM316-可调直流稳压电源模块

EDM316-可调直流稳压电源模块属于接口及其他电路模块之一。

（1）模块电路

EDM316-可调直流稳压电源模块电路如图 A-48 所示。

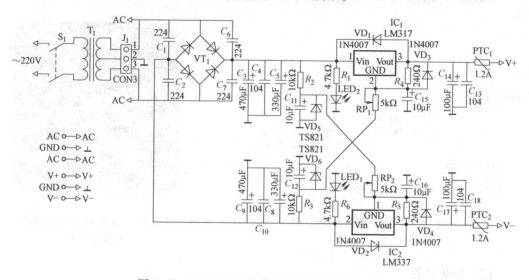

图 A-48　EDM316-可调直流稳压电源模块电路图

（2）模块实物

EDM316-可调直流稳压电源模块实物如图 A-49 所示。

（3）模块功能

EDM316-可调直流稳压电源模块接线端口说明如下。

图 A-49　EDM316-可调直流稳压电源模块实物图

V +：正电源输出端，输出电压范围为 0 ~ 27V。

V -：负电源输出端，输出电压范围为 -27 ~ 0V。

GND：电源输出公共端（地）。

AC：放大器次级输出端口。

LM317/LM337 是可调节 3 端电压稳压器，在输出电压范围 1.2 ~ 37V 时能够提供超过 1.5A 的电流，此稳压器非常易于使用。二极管作为保护电路，防止电路中的电容放电时的高压把 LM317/LM337 烧坏。调压输出值可按下面公式计算：

$$V_{out1} = \frac{RP_1}{R_4} \times \frac{1.25}{R_4}$$

$$V_{out2} = -\frac{RP_2}{R_5} \times \frac{1.25}{R_4}$$

25. EDM317-多谐振荡器模块

EDM317-多谐振荡器模块属于接口及其他电路模块之一。

（1）模块电路

EDM317-多谐振荡器模块电路如图 A-50 所示。

（2）模块实物

EDM317-多谐振荡器模块实物如图 A-51 所示。

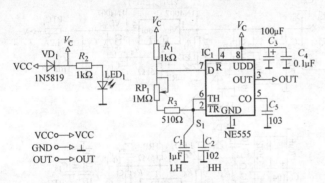

图 A-50　EDM317-多谐振荡器模块电路图

图 A-51　EDM317-多谐振荡器
模块实物图

（3）模块功能

EDM317-多谐振荡器模块接线端口说明如下。

OUT：信号输出端口。

VCC：接电源正极。

GND：接电源负极（地）。

模块工作供电电压为 5～15V。多谐振荡器是一种自激振荡器，在接通电源后，不需要外加触发信号，便能自动地产生含有丰富的高次谐波分量的矩形波。模块电路采用在施密特触发器反相输出端经 RC 积分电路接回输入端的方法构成一个多谐振荡器。可计算信号的周期 $T = (R_1 + 2R_2 + 2R_3)C_2 \ln2$。根据公式可知，调节滑动变阻器 R_2、拨动开关 S_1 选择不同电容 C，既可调节振荡器的频率，S_1 和 C_1 相连时为低频信号输出，S_1 和 C_2 相连时为高频信号输出。NE555 芯片详细介绍见《电子产品模块电路及应用》第一册第 23 页。

低频输出范围为：0.6～600Hz。

高频输出范围为：600Hz～250kHz。

26. EDM407-双向可控硅模块

EDM407-双向可控硅模块属于开关及驱动电路模块之一。

（1）模块电路

EDM407-双向可控硅模块电路如图 A-52 所示。

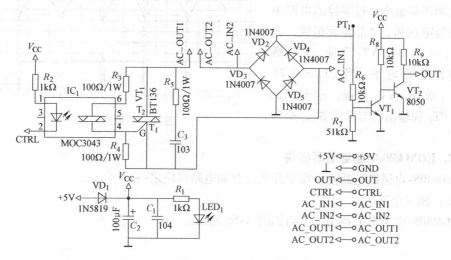

图 A-52　EDM407-双向可控硅模块电路图

（2）模块实物

EDM407-双向可控硅模块实物如图 A-53 所示。

图 A-53　EDM407-双向可控硅模块实物图

（3）模块功能

EDM407-双向可控硅模块接线端口说明如下。

CTRL：信号控制端。

AC_IN1、AC_IN2：交流电输入端。

AC_OUT1、AC_OUT2：负载输出端。

OUT：过零信号输出端。

+5V：接 5V 电源正极。

GND：接电源负极（地）。

双向晶闸管（可控硅）是一个是比较理想的交流开关器件。MOC3043 是驱动光耦合器。BT136 是一个晶闸管整流元件，3 个 PN 结四层结构的大功率半导体器件，一般由 2 个晶闸管反向连接而成。

过零检测电路功能可以对晶闸管的导通提供一个依据，以此可以检测交流电的频率，通过控制晶闸管的导通角可以控制输出功率。晶闸管在电压零位导通时对电网影响最小。过零检测电路由桥式整流电路和2个晶体管组成。当 PT_1 大于 0.7V 时，VT_1 导通，VT_2 截止，输出为高电平。当 $PT_1 < 0.7V$ 时，VT_1 截止，VT_2 导通，输出为低电平。PT_1 和输出的波形图如图 A-54 所示。

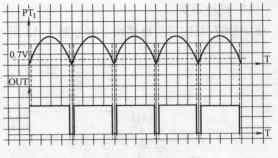

图 A-54　输出波形图

27. EDM408-电磁继电器模块

EDM408-电磁继电器模块属于开关及驱动电路模块之一。

（1）模块电路

EDM408-电磁继电器模块电路如图 A-55 所示。

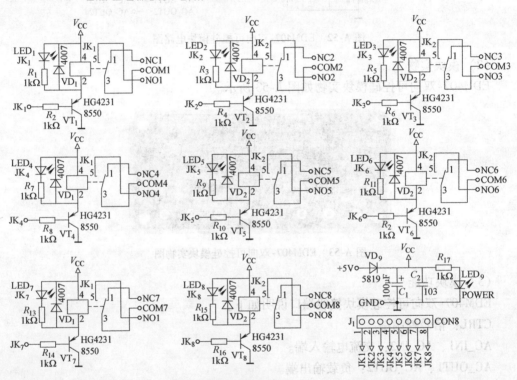

图 A-55　EDM408-电磁继电器模块电路图

（2）模块实物

EDM408-电磁继电器模块实物如图 A-56 所示。

（3）模块功能

EDM408-电磁继电器模块接线端口说明如下。

J_1：对应驱动继电器的工作输入信号的排插

继电器是一种电子控制器件，它具有控制系统（又称输入回路）和被控制系统

（又称输出回路），通常应用于自动控制电路中，它实际上是用较小的电流去控制较大电流的一种"自动开关"。故在电路中起着自动调节、安全保护、转换电路等作用。

图 A-56　EDM408-电磁继电器模块实物图

　　电磁式继电器一般由铁心、线圈、衔铁、触点簧片等组成的。只要在线圈两端加上一定的电压，线圈中就会流过一定的电流，从而产生电磁效应，衔铁就会在电磁力吸引的作用下克服返回弹簧的拉力吸向铁心，从而带动衔铁的动触点与静触点（常开触点）吸合。当线圈断电后，电磁吸力也随之消失，衔铁就会在弹簧反作用力的作用下返回原来的位置，使动触点与静触点（常闭触点）吸合。这样吸合、释放，从而达到在电路中导通、断开的目的。对于继电器的"常开、常闭"触点，可以这样来区分：继电器线圈未通电时处于断开状态的静触点，称为"常开触点"；处于接通状态的静触点称为"常闭触点"。

28. EDM701-RFID 模块

EDM701-RFID 模块属于通信电路模块之一。

（1）模块电路

EDM701-RFID 模块电路如图 A-57 所示。

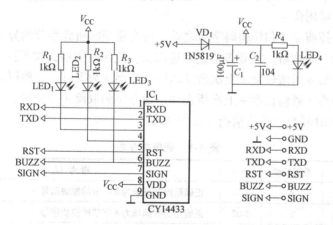

图 A-57　EDM701-RFID 模块电路图

（2）模块实物

EDM701-RFID 模块实物如图 A-58 所示。

（3）模块功能

EDM701-RFID 模块接线端口说明如下。

RXD：信号接收端。

TXD：信号发送端。

图 A-58　EDM701-RFID 模块实物图

RST：复位端。

BUZZ：语音提示端。

SIGN：提示信号输入端。

+5V：接 5V 电源正极。

GND：接电源负极（地）。

RFID（Radio Frequency IDentification）技术即射频识别，又称电子标签、无线射频识别，是一种通信技术，可通过无线电信号识别特定目标并读写相关数据，而无需识别系统与特定目标之间建立机械或光学接触，非接触识别是它最重要的优点。

本模块通过串口通信。支持 Mifare One S50，S70，Ultra Light & Mifare Pro，FM11RF08 等兼容卡片。可以设定自动寻卡，默认情况下为自动寻卡，当卡片进入到天线区后在 SIGN 引脚上出现低电平，读卡范围在 6cm 内。

指令系统与通信协议：

规范：通信波特率出厂默认为 19200，1 位起始位，8 位数据位，1 位停止位 UART 工作在半双工方式，即模块接受指令后才会做出应答。

命令格式：前导头 + 通信长度 + 命令字 + 数据域 + 校验码。

前导头：0xAA0xBB 两个字节，若数据域中也包含 0xAA，那么紧随其后为数据 0，但是长度字不增加。

通信长度：指明去掉前导头之外的通信帧所有字节数（含通信长度字节本身）命令字：各种用户可用命令

校验码：去掉前导头和校验码字节之外，所有通信帧所含字节的异或值。

CPU 发送命令帧之后，需要等待读取返回值。返回值的格式如下：

正确：前导头 + 通信长度 + 上次所发送的命令字 + 数据域 + 校验码。

错误：前导头 + 通信长度 + 上次所发送的命令字的取反 + 校验码。

EDM701-RFID 模块电路通信指令见表 A-8。

表 A-8　通信指令表

序号	命令解析	数据长度	命令	指令说明
1	读头类型	2	0x01	正确返回数据域为 8 字节的模块型号
2	模块序列	2	0x02	正确返回数据域为 4 字节的模块序号
3	模块掉电	2	0x03	正确返回数据域为空的帧，模块进入掉电模式
4	模块工作模式设定	3	0x011	正确返回数据域为空的帧，发送数据域包含 1 字节控制信息。1：进入省电模式。0：退出省电模式
5	卡片进入省电模式	2	0x012	正确返回数据域为空的帧，卡片进入休眠模式，移开卡片后天线区域工作状态解除
6	设置自动寻卡	3	0x013	正确返回数据域为空的帧，发送数据域包含 1 字节控制信息，1：自动寻卡，0：关闭自动寻卡
7	蜂鸣器开关	3	0x014	正确返回数据域为空的帧，发送数据域包含 1 字节信息，0x1?：蜂鸣器响? 次，0x0F：蜂鸣器关
8	蜂鸣器间隔	3	0x015	正确返回数据域为空的帧，发送数据域包含 1 字节信息：蜂鸣器响声间隔时间，单位为 m

（续）

序号	命令解析	数据长度	命令	指令说明
9	读卡的类型	2	0x19	S50 卡：0x400。S70 卡：0x200
10	读卡	2	0x20	正确返回数据域为 4 字节的卡序列号
11	读数据块	0x0A	0x21	正确返回数据域为 16 字节的块内容,发送:1 字节密钥标志 + 1 字节块号 + 6 字节密钥
12	写数据块	0x1A	0x22	正确返回数据域为空的帧,发送:1 字节密钥标志 + 1 字节块号 + 6 字节密钥 + 16 字节数据
13	初始化钱包	0x0E	0x23	正确返回数据域为空的帧发送:1 字节密钥标志 + 1 字节块号 + 6 字节密钥 + 4 字节钱包初始化值
14	读钱包	0x0A	0x24	正确返回数据域为 4 字节的钱包值,发送:1 字节密钥标志 + 1 字节块号 + 6 字节密钥
15	给钱包充值	0x0E	0x25	正确返回数据域为空的帧,发送:1 字节密钥标志, + 1 字节块号 + 6 字节密钥 + 4 字节钱包增加值
16	钱包扣款	0x0E	0x26	正确返回数据域为空的帧,发送:1 字节密钥标志, + 1 字节块号 + 6 字节密钥 + 4 字节钱包需扣款值

29. EDM702-CAN 总线模块

EDM702-CAN 总线模块属于通信电路模块之一。

（1）模块电路

EDM702-CAN 总线模块电路如图 A-59 所示。

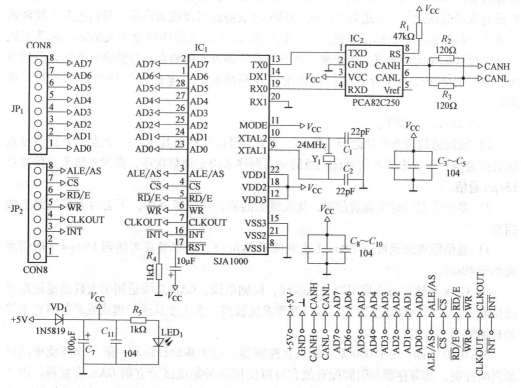

图 A-59　EDM702-CAN 总线模块电路图

（2）模块实物

EDM702-CAN 总线模块实物如图 A-60 所示。

（3）模块功能

EDM702-CAN 总线模块接线端口说明如下。

AD0～AD7：多路地址/数据总线输入端。

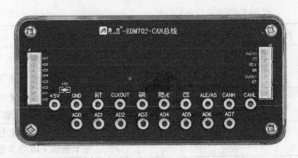

图 A-60　EDM702-CAN 总线模块实物图

ALE/AS～$\overline{\text{INT}}$：接微机控制端。

CANH、CANL：CAN 数据输出端。

CLKOUT：微机时钟信号输入端。

+5V：接 5V 电源正极。

GND：接电源负极（地）。

排插 JP$_1$ 输出功能与 AD0～AD7 插口相同，在 AD0～AD7 插口输出信号时，可直接使用排插 JP$_1$ 输出信号。

排插 JP$_2$ 输出功能与 $\overline{\text{INT}}$～ALE/AS 插口相同，在 $\overline{\text{INT}}$～ALE/AS 插口输出信号时，可直接使用排插 JP$_2$ 输出信号。

控制器局域网络（Controller Area Network，CAN），是由研发和生产汽车电子产品著称的德国 BOSCH 公司开发的，并最终成为国际标准（ISO 11898），是国际上应用最广泛的现场总线之一。在北美和西欧，CAN 总线协议已经成为汽车计算机控制系统和嵌入式工业控制局域网的标准总线，并且拥有以 CAN 为底层协议专为大型货车和重工机械车辆设计的 J1939 协议。近年来，其所具有的高可靠性和良好的错误检测能力受到重视，被广泛应用于汽车计算机控制系统以及环境恶劣、电磁辐射强和振动大的工业环境。

CAN 总线特点如下。

1）数据通信没有主从之分，任意一个节点可以向任何其他（一个或多个）节点发起数据通信，由各个节点信息优先级的先后顺序来决定通信次序，高优先级节点信息在 134μs 通信。

2）多个节点同时发起通信时，优先级低的避让优先级高的，不会对通信线路造成拥塞。

3）通信距离最远可达 10km（速率低于 5kbps），速率最高可达到 1Mbps（通信距离小于 40m）。

4）CAN 总线传输介质可以是双绞线，同轴电缆。CAN 总线适用于大数据量短距离通信或者长距离小数据量通信，实时性要求比较高，多主多从通信模式或者各节点平等的现场使用。

SJA1000 电路。SJA1000 是一种独立控制器，用于移动目标和一般工业环境中的区域网络控制，其寄存器和引脚配置使它可以使用各种集成或分立的 CAN 收发器。由于有不同的微控制器接口应用，可以使用不同的微控制器。EDM702-CAN 总线模块电路图是一个 SJA1000 和 PCA82C251 收发器的典型应用。CAN 总线控制器功能的时钟源复位信号由外部复位电路产生。电路中 SJA1000 的片选信号$\overline{\text{CS}}$端口引出外接微控制器控制，否则这个片选输入端口必须接到 V_{SS}，它也可以通过地址译码器控制，例如当地址/数据总线用于其他外围器件的时侯。SJA1000 引脚功能介绍如表 A-9 所示。

表 A-9　SJA1000 引脚功能

引脚	标　　称	功　　　能
2、1、28～23	AD7～AD0	多路地址/数据总线
3、4、5、6	ALE/AS、$\overline{\text{RD}}$/E、$\overline{\text{WR}}$	微处理器控制信号：ALE/AS(intel 模式)；$\overline{\text{RD}}$/E(Motorola 模式)；$\overline{\text{WR}}$微处理器控制信号；$\overline{\text{CS}}$(片选输入)
7	CLKOUT	SJA100 产生的提供给微控制器的时钟输出信号
8	VSS1	接地
9	XTAL1	输入到振荡器放大电路
10	XTAL2	振荡放大电路输出
11	MODE	模式选择输入：1 = intel 模式；0 = Motorola 模式
12	VDD3	输出驱动的 5V 电压源
13	TX0	从 CAN 输出端驱动器 0 输出到物理线路上
14	TX1	从 CAN 输出驱动器 1 输出到物理线路上
15	VSS3	输出驱动器接地

30. EDM703-RS485 模块

EDM703-RS485 模块属于通信电路模块之一。

（1）模块电路

EDM703-RS485 模块电路如图 A-61 所示。

（2）模块实物

EDM703-RS485 模块实物如图 A-62 所示。

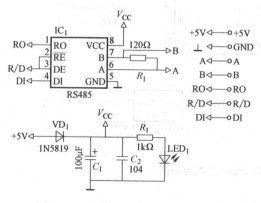

图 A-61　EDM703-RS485 模块电路图

图 A-62　EDM703-RS485 模块实物图

（3）模块功能

EDM703-RS485 模块接线端口说明如下。

A、B：接收和发送的差分信号端。

RO：接收器的输出端。

DI：驱动器的输人端。

D/R̄：发送/接收控制端。

+5V：接 5V 电源正极。

GND：接电源负极（地）。

RS485 采用单一 +5V 电源工作，额定电流为 300μ A，采用半双工通信方式。它完成将 TTL 电平转换为 RS485 电平的功能。RO 和 DI 端分别为接收器的输出和驱动器的输人端，与单片机连接时只需分别与单片机的 RXD 和 TXD 相连即可；R̄E和 DE 端分别为接收和发送的使能端，当R̄E为逻辑 0 时，器件处于接收状态；当 DE 为逻辑 1 时，器件处于发送状态，因为 MAX485 工作在半双工状态，所以只需用单片机的一个引脚控制这两个引脚即可；A 端和 B 端分别为接收和发送的差分信号端，当 A 引脚的电平高于 B 端时，代表发送的数据为 1；当 A 引脚的电平低于 B 端时，代表发送的数据为 0。与单片机连接时接线非常简单，只需要一个信号控制 MAX485 的接收和发送即可。同时在 A 端和 B 端之间加匹配电阻，一般可选 120Ω 的电阻。

31. EDM704-zigbee 模块

EDM704-zigbee 模块属于通信电路模块之一。

（1）模块电路

EDM704-zigbee 模块电路如图 A-63 所示。

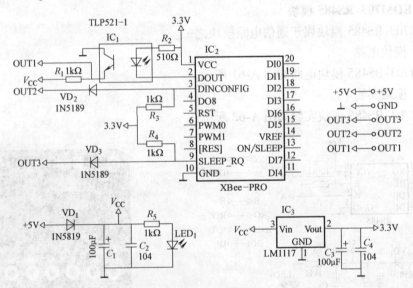

图 A-63　EDM704-zigbee 模块电路图

（2）模块实物

EDM704-zigbee 模块实物如图 A-64 所示。

（3）模块功能

EDM704-zigbee 模块接线端口说明如下。

OUT1：输出端口 1。

OUT2：输出端口 2。

OUT3：输出端口 3。

+5V：接 5V 电源正极。

GND：接电源负极（地）。

XBee-PRO 模块说明：

zigbee 是基于 IEEE802.15.4 标准的低功耗个域网协议。根据这个协议规定的技术是一种短距离、低功耗的无线通信技术，主要适合用于自动控制和远程控制领域，可以嵌入各种设备。

图 A-64　EDM704-zigbee 模块实物图

XBee-PRO 模块是一款内置协议栈的 zigbee 模块，它通过串口使用 AT 命令集和 API 命令集两种方式设置模块的参数，并通过窗口来实现数据的传输。XBee-PRO 模块体积小，功耗低，接口简单，容易使用，非常适用于低数据速率的短距离通信应用，尤其是无线传感网络的设计应用。XBee PRO 有 20 个引脚。其中引脚 V_{CC}、GND、DOUT 及 DIN 用于与 RS232 接口的电路板引脚连接。V_{CC} 引脚为电源引脚，范围为 2.8~3.4V；GND 为地引脚；DIN 引脚信号方向为输入，作为 UART 的数据输入，通常与处理器 UART 接收端 TXD 相连；DOUT 引脚信号方向为输出，作为 UART 的数据输出，通常与处理器 UART 接收端 RXD 相连。模块电路中，输入电压时 5V，通过 LM1117 电平转换得到 XBee PRO 所需要的 3.3V 工作电压。V_{CC}、GND、DOUT 及 DIN 用于与外部 UART 接口的电路引脚连接。SLEEP-RQ 是睡眠引脚控制线。

附录 B　主机模块程序的下载

1. 下载软件的安装

1）首先将配套光盘放入计算机读取，鼠标双击 "setup.exe" 并按步骤安装亚龙下载软件。

2）软件安装完之后先不要运行软件，先安装 YL—ISP 下载器驱动。驱动的安装请参照 "YL—ISP 的 USB 驱动安装.pdf"。

2. 软件的使用

双击 "亚龙 AVR 及 STC 单片机下载器" 图标即可运行下载软件，运行效果如图 B-1 所示。以后的版本在使用前需向亚龙免费注册。

一、MCS51 主机应用程序的下载

1. 实例程序的下载

① 首先将母对母串口线连接计算机串口和 EDM001 的串口座。

② 打开软件，单击 "串口设置" 的下拉菜单选择与计算机相连的串口号。

③ "数据来源" 选择 "内部数据"。

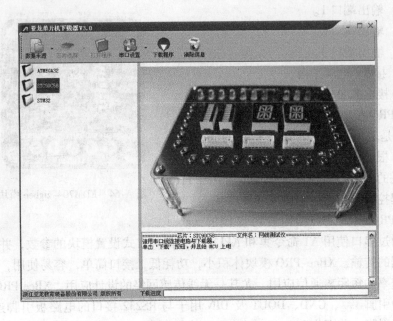

图 B-1　运行效果图

④ 双击"STC90C58"下面对应的实验。

⑤ EDM001 连接 DC5V 电源，232 通信开关按下，电源开关关闭。

⑥ 单击"下载程序"。

⑦ 按下 EDM001 上的电源开关给模块上电。

⑧ 等待程序下载完成。

2. 编写生成的 .hex 或 .bin 文件的下载

"数据来源"选择"外部数据"，"芯片选择"下拉菜单下选择"STC90C58"，"打开程序"选择应用程序，然后按上述①、②、⑤、⑥、⑦、⑧的步骤完成下载。

二、AVR 主机应用程序的下载

1. 实例程序的下载

① 首先将 YL—ISP 下载器一端接计算机 USB 口，另一端连 EDM002 下载口。

② 打开软件。

③ "数据来源"选择"内部数据"。

④ 双击"ATMEGA32"下面对应的实验。

⑤ EDM001 连接 DC-5V 电源。

⑥ 单击"下载程序"。

⑦ 等待程序下载完成

2. 编写生成的 .hex 或 .bin 文件的下载

"数据来源"选择"外部数据"，芯片选择下拉菜单下选择"ATMEGA32"，"打开程序"选择应用程序，然后按上述①、②、⑤、⑥、⑦的步骤完成下载。

三、STM32 主机应用程序的下载

1. 实例程序的下载

① 首先将母对母串口线连接电脑串口和 EDM001 的串口座。

② 打开软件，单击"串口设置"的下拉菜单选择与计算机相连的串口号。

③"数据来源"选择"内部数据"。

④ 双击"STM32"下面对应的实验。

⑤ EDM003 连接 DC-5V 电源。

⑥ 主机模块上的 BOOT1 拨到"0"，BOOT0 拨到"1"。

⑦ 按一下 RST 复位按键后松开。

⑧ 单击"下载程序"，等待程序下载完成。

⑨ BOOT0 拨到"0"，按下复位键。

⑩ 运行应用程序。

2. 编写生成的 . hex 或 . bin 文件的下载

"数据来源"选择"外部数据"。芯片选择下拉菜单下选择"STM32"，"打开程序"选择应用程序，然后按上述①、②、⑤、⑥、⑦、⑧、⑨、⑩的步骤完成下载。

参 考 文 献

[1] 李关华，聂辉海. 电子产品装配与调试竞赛指南 [M]. 北京：高等教育出版社，2010.
[2] 赵广林. 常用电子元器件识别/检测/选用一读通 [M]. 北京：电子工业出版社，2008.
[3] 广东中职学校教材编组委. 电子技术基础 [M]. 广州：广东高等教育出版社，2009.
[4] 林红华，聂辉海，陈红云. 电子产品模块电路及应用 [M]. 北京：机械工业出版社，2011.